지구를 구한
영웅에게도
과학은 살아 있다

지구를 구한 영웅에게도
과학은 살아 있다

ⓒ 지브레인 과학기획팀 · 이보경, 2021

초판 1쇄 인쇄일 2021년 9월 1일
초판 1쇄 발행일 2021년 9월 7일

기 획 지브레인 과학기획팀
지은이 이보경
펴낸이 김지영 **펴낸곳** 지브레인^{Gbrain}
편 집 김현주
제작 · 관리 김동영 **마케팅** 조명구

출판등록 2001년 7월 3일 제2005-000022호
주소 04021 서울시 마포구 월드컵로 7길 88 2층
전화 (02)2648-7224 **팩스** (02)2654-7696

ISBN 978-89-5979-669-4(03400)

지구를 구한 영웅에게도 과학은 살아 있다

지브레인 과학기획팀 기획   이보경 지음

지브레인

머리말

누구나 마음 한 구석에는 수퍼히어로가 산다. 초인의 능력으로 우리 앞에 펼쳐진 고통을 단번에 해결하는 막강한 힘의 소유자말이다.

마블코믹스와 DC코믹스는 수퍼히어로물의 전설들을 탄생시킨 미국의 대표적인 만화잡지사다.

이 두 양대 산맥을 통해 우리는 수퍼맨과 배트맨, 아이언맨, 스파이더맨 등 우리가 꿈꾸던 힘을 가진 수퍼히어로들을 만날 수 있었다.

그들을 창조한 것은 몇 명의 천재 만화가와 제작자들이었지만, 그들의 힘에 열광하고 생명을 불어넣어 준 것은 우리 모두다.

오랜 세월, 인류는 강한 힘을 소망해왔다. 수퍼히어로는 그런 소망에서 탄생한 캐릭터들이다.

그렇다면 우리가 소망했던 강한 힘의 근원은 어디일까? 그것은 우리 앞에 펼쳐진 광활한 우주와 자연이다. 자연은 인류가 순응해야 할 대상이면서도 극복하고 싶은 대상이었다.

하지만 자연의 힘은 항상 우리를 무릎 꿇게 하는, 경이로우면서도 두려운 힘이기도 했다.

우리는 그 힘을 가지고 싶어 했고 알고 싶었으며 설명하고자 했다. 그런 경외심과 두려움을 호기심으로 극복하며 시작된 것이 과학이다.

우리가 그려내는 수퍼히어로물 속에는 두 개의 힘이 존재한다. 하나는 우리의 영역 밖이라고 생각하는 초자연적인 힘과 다른 하나는 우리의 힘으로 쌓아 올린 과학의 힘이다.

4

수퍼맨, 원더우먼, 닥터 스트레인지, 토르 등이 초자연의 힘을 원천으로 한다면 배트맨, 아이언맨, 스파이더맨, 헐크, 캡틴 아메리카 등은 과학의 힘으로 탄생했다.

마블의 캐릭터에 한정되기는 하지만 그들은 어벤저스라는 이름으로 결속했고 함께 지구를 지킨다.

또한 마블 영화는 수퍼히어로 각각의 캐릭터마다 독립적인 스토리를 선사하며 자신의 초능력을 각성하기까지의 개인사를 들려준다. 그리고 그 모든 이야기는 어벤저스로 통한다. 마치 어벤저스로 하나 될 수밖에 없는 거대한 스토리의 한 조각들 같다.

사람들은 마블 영화를 또 하나의 가상 세계로 인정한다. 현재 실험적으로 운영되고 있는 가상 세계 플랫폼 '메타버스'처럼 말이다.

비록 가상 세계지만 어벤저스는 우리에게 특별한 메시지를 준다. 그것은 초자연과 과학을 근원으로 하는 두 개의 힘의 대등한 만남이다.

과학 기술의 정수인 아이언맨은 천둥의 신 토르와 어깨를 견주며 심지어 헐크는 토르도 쉽게 맞서기 힘든 수준의 파괴력을 가지고 있다.

블랙 팬서는 초자연과 과학의 힘이 융합되어 탄생한 마블 세계관 최고의 수퍼히어로로로 두 힘의 조합과 균형의 상징과도 같다.

우리는 또 하나의 우주, 마블 세계관을 통해 우주와 자연의 힘에 견줄만한 인간의 힘을 대담하게 구현해 냈다.

이것이 마블과 DC 코믹스에서 보여주는 수퍼히어로들의 정체성이자 우리의 로망이다.

엄밀히 말해 과학 또한 대자연의 힘에서 온 것이다. 단지 우리는 자연의 원리를 알아가는 탐구자일 뿐이다.

하지만 과학기술이 보다 정교해짐에 따라 인간은 더 이상 그 두려웠던 힘들의 실체가 실현 불가능한 영역만은 아닐지도 모른다는 생각이 들기 시작했다.

과학은 자연의 힘을 이해 불가능한 영역에서 이해 가능한 영역으로 하나씩 옮겨오고 있다.

그래서 우리는 탐구자에서 조종자의 역할로 자리를 바꾸고 싶어 한다. 우리의 수퍼히어로들과 같은 능력이 더 이상 만화와 영화적 상상력으로 끝나지 않을 수도 있다는 자신감이 들기 시작했기 때문이다.

인간은 상상의 세계를 물질화하는 힘이 있다. 우리 마음 한 구석에 살고 있던 수퍼히어로를 가상의 세계인 만화와 영화로 형상화했다면 이제 과학의 힘을 통해 현실화하고자 한다.

실제 많은 과학적 아이디어들은 우리의 상상을 형상화했던 만화나 영화에서 영감을 받기도 했다.

휴대폰과 안드로이드 로봇, 자율주행차, 음속 비행기와 우주선 등은 어릴 적 보던 수퍼히어로물의 전유물이었다.

그저 영화와 만화적 상상력이라고 치부하기엔 핵융합 발전소인 아이언맨의 아크 원자로는 이미 시작된 과학이며 앤트맨의 양자역학은 반도체의 비약적인 발전을 이끌어 냈다.

반도체의 발전은 전자기기와 컴퓨터의 성능을 최첨단으로 향상시켜 4차 산업혁

명의 토대가 되었다.

스파이더맨를 창조한 유전자 변형의 결과물들은 생명공학과 분자생물학을 통해 구현되었으며 유전자 가위 기술과 유전자 재조합 기술을 탄생시켰다.

유전자 변형의 원인인 형질전환 현상을 처음 발견한 프레드릭 그리피스Frederick Griffith는 유전정보전달 물질이 DNA라는 것을 밝혀내는 데 기초적 정보를 제공했다. 이후 유전학은 빛의 속도로 발전하기 시작했고 이제 우리는 식물 수준까지 우리가 원하는 형질을 만들어 낼 수 있게 되었다.

헐크를 분노케 했던 호르몬과 신경전달 물질에 대한 정보는 뇌과학과 의학에 큰 도움을 주어 인간의 마음과 감정을 이해하는 데 중요한 단서를 제공했다.

또한 브루스 박사가 피폭당했던 감마선은 암을 치료하는데 사용되며 감마선을 발견했던 앙리 베크렐은 핵물리학의 창시자가 되었다.

핵물리학은 우리 미래를 책임져줄 미래 에너지인 태양전지와 핵융합 연구의 기초를 만들어준 분야이다.

이뿐만 아니다. 블랙 팬서의 슈트를 이루고 있는 마블 세계의 가상 물질인 비브라늄은 더 이상 영화와 만화 속에서만 존재하지 않는다. 우리는 이미 비브라늄과 같은 만능 물질 그래핀을 찾아냈고, 토르의 묠니르만큼 강한 합금기술을 가지고 있다.

합금기술의 발전 덕분에 우주선과 항공 우주 분야가 성장할 수 있었고 달과 화성에 우주선과 탐사선을 보낼 수 있게 되었다.

캡틴 아메리카의 '수퍼솔저' 약물은 화학과 의학 분야를 통해 과학이 인간의 신체를 어디까지 향상시킬 수 있는지 가능성을 보여주었다.

물론 영화적 상상력 속에는 전혀 과학적 근거가 없는 내용도 많다.

그러나 《지구를 구한 영웅에게도 과학은 살아 있다》에서는 수퍼히어로물에 담긴 실현 가능한 과학을 보여주고자 노력했다.

현재 우리가 현실로 만든 자율주행차, 안드로이드 로봇, 대륙 간 초음속 비행기, 우주선, 병에 강한 신품종 작물 등의 아이디어가 백 년 전만 해도 만화적 상상력에 지나지 않았다.

과학의 힘을 이끄는 것은 자유로운 상상력으로부터 시작된다. 우리가 창조한 수퍼히어로를 통해 과학을 보려는 이유는 잃어버린 과학적 상상력과 호기심을 다시 찾기 위해서다.

그 호기심과 상상력은 우리 마음속 한 구석에 살아있는 수퍼히어로에 대한 꿈을 이루는 견인차가 될 것이다.

우리가 수퍼히어로가 되어야 하는 이유는 단 한 가지다. 인류가 항상 동경하며 달려왔던 자연의 힘과 우리의 노력으로 일구어 왔던 과학의 힘이 이제 융합하는 시대를 위해 진정한 수퍼히어로로 거듭나기 위해서다.

우리는 바이러스가 창궐하고 지구온난화로 인한 환경변화와 무분별한 자연훼손으로 지구를 병들게 만들었다.

이제 더 이상 두 개의 힘을 제멋대로 통제하고 조종하는 악당이 아닌, 우리의 진정한 힘을 각성하고 지구와 지구 생명 공동체를 지키는 균형과 조화의 수퍼히어로가 되어야 한다.

그것이 우리가 대자연과 지구 생명체 모두를 위해 해야 할 일이다.

　4차 산업시대에 들어선 지금, 우리에게 과학은 선택이 아닌, 필수가 되었다. 하지만 여전히 과학은 우리 생활과는 별개의 저 먼 우주 어딘가의 이야기같이 느껴진다.

　우리가 과학을 잘 이해해야 하는 이유 또한 우리가 발견한 과학의 힘을 잘 사용하기 위해서다. 그래야만, 과학의 이해를 통해 대자연의 힘도 이해할 수 있다.

　아이언맨의 슈트가 블랙 팬서의 비브라늄이 토르의 묠니르가 누구의 손에 있느냐에 따라 재앙이 될 수도 축복이 될 수도 있기 때문이다.

　그래서 수퍼히어로를 함께 데리고 왔다. 어렵고 힘든 과학이 아닌 우리의 흥미진진한 히어로들의 이야기를 통해 즐거운 마음으로 과학을 감상하면 된다. 준비물은 팝콘 하나면 충분하다. 《지구를 구한 영웅에게도 과학은 살아 있다》를 통해 좀 더 쉽고 친근한 과학과 만나길 바란다.

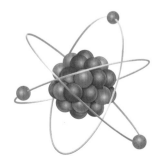

1

부와 과학을 이용한
영웅

아이언맨

어느 날, 갑자기 초능력을 가진 수퍼영웅이 된다면, 어떤 기분이 들까? 엄청난 속도로 지구 대륙을 날아다니고 시공의 문을 열어 공간이동을 하며 공중 낙하 중인 비행기를 가볍게 들어 올리는 괴력을 가진 초인 말이다.

상상만 해도 매우 신나고 흥분되는 일이다. 비록 영화지만, 이것을 현실로 만든 남자가 있다.

영화 '아이언맨'의 주인공 토니 스타크다.

아이언맨은 태생이 수퍼맨이나 스파이더맨과 다르다. 고독하게 숨어 세상을 구하면서도 오해받고 왕따가 되어야 했던 수퍼히어로들과는 달리 전쟁무기를 만들어 파는 엄청난 부자에 세상 남부러울 것 없는 삶을 사는 독특한 인

물이었다. 가난하거나 현실적 어려움을 겪어 동
정심을 유발하던 영웅이 아니라 부와 명예를
쌓은 현실의 영웅이 나타난 것이다.

이와 같은 아이언맨의 등장은 스탠 리의 모험심
에서 탄생했다고 한다.

기존의 영웅 캐릭터와는 정반대의 영웅을 과연 사람들
이 환영할지 시험해 보고 싶었던 스탠 리의 이와 같은 모험은
성공했고 토니 스타크는 수많은 마블 영웅들 중 가장 인기 있는
영웅 군단에 합류했다. 초자연 판타지와 공상과학을 다루는 SF 만화 잡지 〈테
일즈 오브 서스펜스^{Tales of Suspense}〉에 1963년 3월 첫 등장 이후 독자들의 반응
에 따라 언제든 사라질 운명이었던 아이언맨의 탄생 배경은 이처럼 모험 정
신에서 나온 것이었다.

천재 과학자이자 재벌이었지만 누군가처럼 외계에서 온 것도, 방사능으
로 돌연변이가 된 것도 아닌 그저 인간일 뿐이었던 토니는 자신의 뛰어난 두
뇌와 포기하지 않는 열정으로 누구도 따라올 수 없는 아이언맨 슈트를 완성
했다.

'마크'라는 이름을 가진 아이언맨 슈트는 최첨단 무기이자 인공지능이 탑재
된 로봇이다. 몸에 장착하는 웨어러블^{wearable} 형태의 아이언맨 슈트는 평범하
고 힘없는 토니 스타크를 괴력의 수퍼영웅으로 만들어 주었다.

마블 시리즈의 히어로^{Hero} 중 아이언맨이 유독 큰 인기와 관심을 받는 이유
중 하나는 '마크'가 실현 가능한 일이 될지도 모른다는 기대감 때문이다. 물론
마크와 같은 최첨단 웨어러블 로봇을 만드는 일은 아직 기술적으로 풀어내야

할 숙제가 많다.

하지만 지금 불가능하다고 해서 미래에도 불가능한 일이라고 단언할 수는 없다. 인류의 과학기술이 끊임없이 발전하고 있기 때문이다.

무선 이어폰

AR 안경

스마트 워치

스마트 슈즈

현재 우리가 쓰고 있는 웨어러블이 적용된 제품들.

토니 스타크가 지구를 구하는 영웅이 되기 위해서는 과학의 힘이 필요했다

토니 스타크에게는 아주 큰 약점이 하나 있다. 그것은 심장 주변에 박혀 있는 폭탄 파편들이다. 파편 조각들은 금방이라도 심장을 파고 들어가 토니 스타크를 죽음에 이르게 할 수 있기 때문이다.

이것을 막기 위해 토니의 심장에는 전자석이 설치되어 있다. 전자석은 철 성분인 파편들을 끌어당겨 심장 안으로 파고드는 것을 막아주는 역할을 한다.

후에 전자석은 '아크 원자로'로 진화하게 된다. 영화에서 아크 원자로는 아이언맨의 정체성을 상징하는 핵심적인 소재다. 토니 스타크의 생명을 연장하는 전자석의 전원 공급 장치이자 아이언맨 슈트의 동력이기 때문이다.

아크 원자로.

그렇다면 아크 원자로는 무엇일까? 꿈의 에너지라 불리는 '핵융합'의 원리로 만들어진 초소형 발전기가 바로 아크 원자로이다.

현재 핵융합 발전은 활발히 연구 중인 분야이며 친환경 미래 에너지로 관심을 받고 있다. 그러나 아직은 초기 실험단계에 있으며, 더구나 아크 원자로와 같은 초소형 상온 핵융합 발전기는 영화 속에서나 가능한 상태이다.

아크 원자로의 불빛이 징~하고 켜지는 순간, 토니 스타크는 아이언맨으로 다시 태어난다. 이 장면은 아이언맨을 좋아하는 팬이라면 누구라도 흥분되는 장면일 것이다. 그리고 한 번쯤은 '마크'와 같은 멋진 슈트를 장착하고 '자비스!'를 불러보고 싶어질 것이다.

'아크 원자로'의 모티브가 되었던 핵융합 발전은 넓은 의미로는 원자력 발전에 포함된다. 일반적으로 원자력 발전이라고 하면 우리는 핵분열 반응을 이용한 발전을 생각한다. 핵융합 발전은 아직 실현되지 못했기 때문이다.

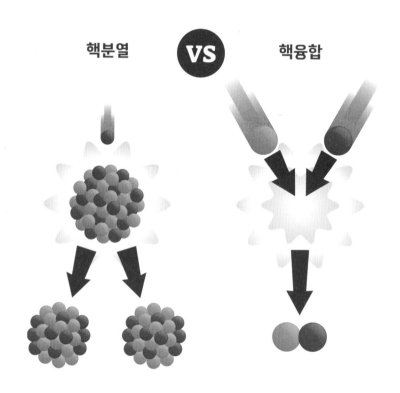

핵분열 발전은 말 그대로 원자의 핵을 분열시키는 과정에서 발생하는 열에너지를 이용하여 전기를 생산하는 방식이다. 핵융합과 핵분열 발전을 이해하

기 위해서는 먼저 원자에 대한 이해가 필요하다. 핵융합과 핵분열을 말할 때, 핵은 원자핵을 말하기 때문이다.

그렇다면 아이언맨에서 활용된 과학 중 원자를 좀 더 살펴보자.

아이언맨에서 이용되는 과학의 가장 기본이 되는 개념-원자

물질을 구성하는 최소 입자는 '원자^{atom}'다. 원자는 원자핵^{nucleus}과 원자핵 주변에 구름처럼 분산된 전자^{electron}로 이루어져 있다.

원자핵은 양전하(+)를 띠며 전자는 음전하(-)를 띤다. 원자핵 안에는 양의 전하를 가진 양성자와 전하를 띠지 않는 중성자가 있다. 원자핵을 구성하는 양성자와 중성자를 핵자라고

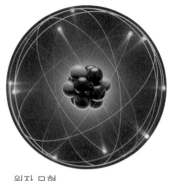

원자 모형.

하며 양성자와 중성자는 강한핵력$^{Kernkraft\ ,\ Nuclear\ force}$에 의해 결합되어 있다.

강한핵력은 서로 같은 +전하를 띤 양성자 간에 밀어내는 힘에 의해 원자핵 밖으로 튕겨 나가지 않도록 양성자와 양성자, 양성자와 중성자에 작용하여 원자핵 안에 붙잡아두는 매우 강력한 힘이다.

재미있게도 강한핵력은 원자핵과 같은 아주 작은 미시세계에서 매우 가까운 거리에서만 작용한다.

원자핵을 분리하기 위해서는 이 강한핵력을 무력화할 만큼 엄청난 힘이 작용해야 한다. 이것을 결합에너지라고 한다. 결합에너지가 강할수록 원자는 안정적인 상태가 된다.

지구상의 원소 중 가장 안정적인 원소는 철^{Fe}이다. 다시 말해, 철의 결합에너지가 가장 강한 것이다.

원소 주기율표에 있는 원소 중 철보다 원자번호가 작은 원자들은 서로 융합

하여 더 안정적인 원자로 변해가며 그 최종 목적지가 철이다.

반대로 철보다 원자번호가 큰 원자들은 분열을 통해 더 안정적인 원자로 변환되는데 여기도 그 목적지가 철이다. 이렇게 원자핵이 분열과 융합을 통해 더 안정적인 상태로 변환해가는 과정을 핵융합과 핵분열이라고 한다.

사과 모형을 만드는 데 큰 돌덩이를 깎아서 만드는 조각(핵분열)과 찰흙을 붙여서 만드는 조소(핵융합)의 차이점과 비슷한 맥락으로 이해하면 쉬울 것이다.

원자핵이 분열과 융합 반응을 할 때 모두 에너지가 방출된다. 우리는 이 에너지를 목적에 맞게 활용하고 있는 것이다.

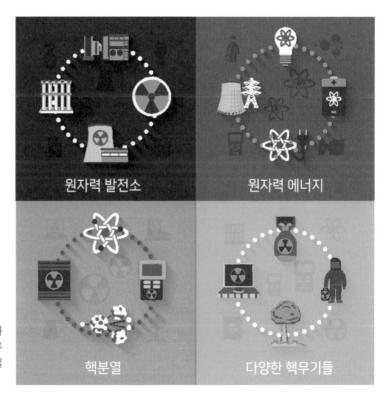

원자핵의 분열과 융합 반응이 이루어지거나 이루어질 수 있는 분야들.

아이언맨의 과학을 우리는 현실에서 어떻게 이용하고 있는가 1
-핵분열을 이용한 원자력 발전

　핵분열 발전은 원자핵에 중성자를 충돌시켜 원자핵 안에 결합되어 있는 양
성자와 중성자를 분열시키는 방법으로 이루어진다.

　핵분열 발전에 원료로 사용하는 원자는 우라늄-235다. 우라늄-235는 원
자번호 92번, U(우라늄)의 방사성 동위원소다.

　우라늄-235의 원자핵에 중성자를 충돌시키면 우라늄-235의 원자핵 속에
있는 중성자와 양성자 사이에 분열반응이 일어난다. 우라늄-235는 분열반응
을 통해 질량은 더 작지만 안정적인 원자번호 56번 바륨barium, 원자번호 36번

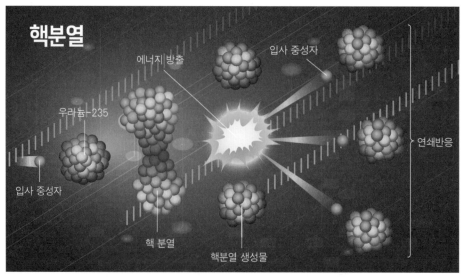

핵분열 발전 과정: 핵분열이 일어나면 많은 에너지가 생성되면서 2~3개의 중성자도 나온다.
우라늄-235가 중성자를 흡수하면 2개의 원자핵이 된다.

크립톤^{krypton}, 원자번호 54번 제논^{xenon} 등의 원자핵으로 변환된다.

이 과정에서 우라늄-235의 질량은 작아지고 남게 되는 열에너지를 방출하게 된다. 이 열에너지를 이용하여 물을 데워 발생하는 수증기로 증기터빈을 돌리면 전기를 얻을 수 있다. 이것이 핵분열 반응을 이용한 원자력 발전이다.

우라늄-235은 분열반응 후 더 작은 원자핵으로 바뀌면서 남는 2~3개의 중성자를 방출한다. 방출된 중성자는 주변의 다른 우라늄-235에 다시 충돌하여 연쇄 분열이 일어나게 된다. 이것을 연쇄반응^{Chain Reaction}이라고 한다.

눈에 보이지도 않는 이 작은 원자 안에서 발생하는 연쇄반응^{Chain Reaction}이 우리 생활에 얼마나 큰 영향을 줄까 싶지만 우리는 이 작은 원자 하나에서 발생하는 일을 간과해서는 안 된다.

우라늄-235에서 방출되는 중성자가 연쇄반응^{Chain Reaction}을 일으키는 속도는 우리가 감히 생각할 수 없을 정도로 빠르며 방출되는 에너지의 양은 상상할 수 없을 만큼 파괴적이다. 바로 이 에너지가 '원자폭탄'을 탄생시켰다.

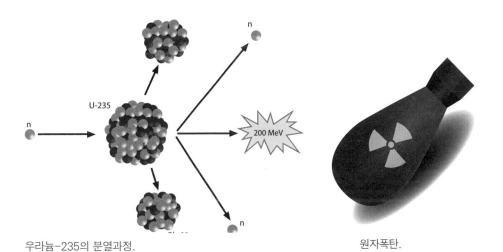

우라늄-235의 분열과정.

원자폭탄.

같은 에너지라도 어떻게 사용하는가에 따라 인류를 위협하는 무기가 될 수도 있고 인류의 삶을 향상 시키는데 큰 도움이 될 수도 있다.

우라늄-235의 연쇄반응$^{Chain\ Reaction}$ 속도를 조절하여 우리 생활에 이용한 것이 원자력 발전이다. 그리고 우라늄의 연쇄반응을 느리게 해주는 물질을 감속제라 하며 일반적으로 물이나 흑연 등을 감속제로 사용한다.

원자력 발전소의 원자로는 우라늄의 연쇄반응 시 폭발하지 않고 느리게 일어나도록 조절하는 곳으로, 원자로를 얼마나 안정적으로 잘 만들 수 있는가에 따라 원자력 발전의 기술력을 알 수 있다.

핵분열 반응을 이용한 발전 방식은 석탄과 같은 화석원료를 사용하는 발전 방식보다 훨씬 적은 양의 원료로 엄청난 양의 전기를 얻을 수 있다는 것과 지구 온난화의 원인이 되는 가스 배출이 없다는 것이 장점이다.

그러나 인간에게 해로운 방사선이 방출된다는 것과 발전에 사용하고 남은 방사성 폐기물의 처리가 아주 복잡하고 위험하며 그 처리비용이 얼마나 될지 정확하게 비용 산출이 되지 않은 상태다. 또한 1986년 체르노빌 원전사고와

원자력 발전소는 물이나 흑연 등을 감속제로 사용하기 때문에 대부분 바다 근처에 지어진다.

2011년 후쿠시마 원전 사고로 재건 비용과 자연에 미친 해악이 언제까지일지 알 수 없다는 것도 두려움의 대상이다.

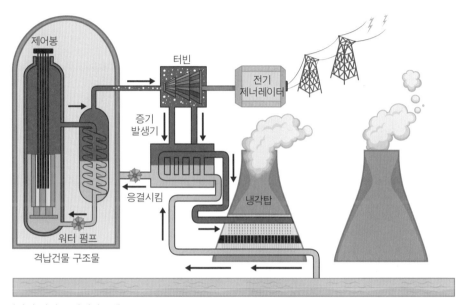

원자력 발전소 다이아그램.

아이언맨의 과학을 우리는 현실에서 어떻게 이용하고 있는가 2
-핵융합을 이용한 원자력 발전

  위에서 우리는 핵분열을 이용한 원자력 발전을 살펴보았다. 그런데 아이언맨의 아크 원자로는 핵융합을 이용한 발전이다. 그리고 아직은 인류가 사용할수 없는 에너지이다. 하지만 아주 작은 아크 원자로 안에서 상상 이상의 엄청난 에너지가 나오는 영화장면을 통해 짐작할 수 있듯이 핵융합은 매우 강력해서 미래 에너지로 주목받고 있다. 또한 핵융합을 통해 얻을 수 있는 에너지 양은 상상할수 없을 정도로 거대하며 친환경적이고 핵분열 발전과 같은 방사

조수력 발전   풍력 발전   태양열 발전

원자력 발전   천연가스 발전   파력 발전

수력 발전   지력 발전   석탄 발전

다양한 에너지 생산 방법. 환경 오염과 이상 기온으로 신재생에너지에 대한 연구가 활발하다.

성 폐기물 걱정도 없다. 또한, 적은 연료로 엄청난 에너지를 얻을 수 있다는 장점 때문에 우리나라를 비롯한 많은 선진국에서 연구되고 있다. 실현 가능하다면 꿈의 에너지 그 자체인 것이다. 현재 프랑스 남부 세인트 폴 레즈 듀런스saint paul lez durance에는 유럽연합, 인도, 대한민국, 일본, 미국, 중국, 러시아가 모인 국제적인 프로젝트인 국제핵융합실험로 ITER 프로젝트를 진행하고 있다.

핵융합 반응을 이용한 발전은 핵분열 반응과 반대되는 개념이다. 자연에서 가장 무거운 원소인 우라늄을 이용하는 핵분열 반응과는 달리 핵융합은 가장 가벼운 수소를 이용한다.

핵융합 반응에 사용되는 수소는 수소의 동위원소인 중수소와 삼중수소로, 중수소는 수소 원자핵 안에 양성자 1개와 중성자 1개를 가지며 삼중수소는 양성자 1개와 중성자 2개를 가지고 있는 수소의 동위원소다(동위 원소란 원자핵 내의 양성자의 수가 같고 중성자의 수만 다른 원소를 말한다).

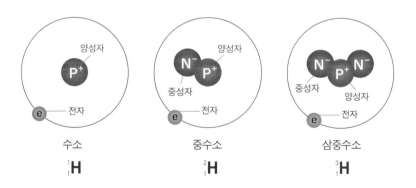

중수소와 삼중수소를 1억도 이상의 핵융합로 안에 묶어두게 되면 플라스마 상태가 되어 자유전자와 양전하를 가진 수소이온으로 분리된다.

플라스마^{Plasma}란 기체가 초고온으로 가열되어 전자와 양전하를 가진 이온으로 분리된 상태다.

1억도나 되는 초고온에서 분리된 수소 플라스마는 전기적 성질을 띠는 수소이온 상태로 엄청난 운동량을 가지게 된다. 이때 이온화된 중수소와 삼중수소는 상상조차 하기 힘든 엄청나게 빠른 속도로 운동하며 각각 양성자 1개와 중성자 1개를 내놓고 양성자 2개와 중성자 2개를 가진 헬륨으로 융합된다.

이때 질량이 줄어든 삼중수소 원자핵에서 융합되지 못한 하나의 중성자가 튀어나오게 되는데 이 중성자의 질량은 아인슈타인의 $E = mc^2$에 의해서 엄청난 에너지로 변환된다.

핵융합

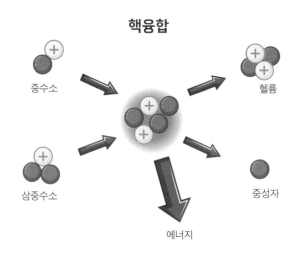

이것이 핵융합 반응을 이용해 에너지를 발생시키는 원리다.

우주 전체의 70%를 차지하고 있는 수소를 이용하는 핵융합에너지는 무한한 에너지이자 공해 없는 청정에너지로 부산물 또한 안전한 헬륨이다.

핵융합 발전이 꿈의 에너지라고 할 수 있는 또 하나의 이유는 우주뿐만 아니라 지구의 바닷물 안에 삼중수소와 중수소가 풍부하게 많기 때문이다.

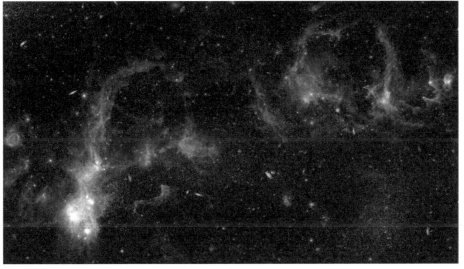

우주와 바다에는 중소수와 삼중수소가 풍부하다.

과학자들은 핵융합에 사용되는 중수소 1g이 석유 8톤에 해당하는 에너지를 생산할 수 있다고 예측한다.

1억도 이상의 수소 플라스마 상태를 오랜 시간 유지할 수만 있다면 인류는 우주와 지구에 넘쳐나는 무한 에너지를 얻게 되는 셈이다.

핵융합이 히어로물에 종종 등장하는 이유는 그 에너지가 인간의 한계를 뛰어넘는 무한의 에너지라는 생각 때문일 것이다. 핵융합을 완벽하게 성공할 수만 있다면 태양의 힘을 가진 아폴론처럼 우주 최강이 될지도 모른다는 생각이 우리의 상상력을 자극하고 있는 것이다.

현재 핵융합 연구에 있어 핵심은 초고온의 수소 플라스마를 핵융합로 안에 어떻게, 얼마나 오래 가둬둘 수 있는가에 대한 기술개발이다. 이것은 태양을 지구로 옮겨오는 일과도 같다.

현재 핵융합로 기술의 선두에 선 나라 중 하나가 우리나라다.

한국의 국가핵융합연구소는 2018년 12월 핵융합로의 꿈의 온도인 1억도 달성에 성공했다.

핵융합 연구를 위해 우리가 만든 초전도 토카막 핵융합로인 KSTAR^{Korea Superconducting Tokamak Advanced Research}를 이용해 이룬 엄청난 성과다.

아이언맨2에 등장하는 마크6의 아크 원자로는 토카막 원리를 이용한

한국핵융합에너지연구원.
https://www.kfe.re.kr/kor/index

핵융합 발전을 실현시키고 있지만 현실에서 실험 중인 초고온 수소 플라스마 핵융합로는 아니다.

즉 아이언맨2에서는 핵융합이라는 모티브를 따오기는 했으나 현실과는 거리가 멀다. 여기에서는 수소가 아닌 원자번호 46번인 팔라듐을 이용해 핵융합을 하는 장면이 등장한다.

초소형 아크 원자로 안에 팔라듐을 넣고 강한 전류를 보내 팔라듐 안에서 핵융합이 일어나게 한다는 설정이다. 그런데 이것은 어디까지 영화적 상상력이다. 팔라듐을 이용한 상온 핵융합(낮은 온도의 핵융합)은 아직 이론에 불과하

팔라듐.

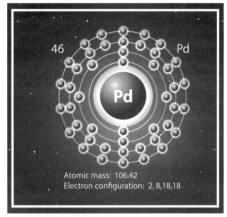

팔라듐 원자기호.

기 때문이다.

　다양한 원자들의 결합에 필수 촉매제로 쓰이는 팔라듐은 특히 수소연료 전지에 중요한 재료로 사용되고 있다.

　오랜 세월 핵융합은 불가능한 일로 여겨졌다. 핵융합 기술에 현대의 과학자들이 큰 희망을 거는 이유는 아주 작은 발걸음이지만 조금씩 문제를 해결해 나가고 있기 때문이다.

　그래서 아이언맨의 아크 원자로가 더 이상 꿈이 아닌 현실이 될 수도 있다는 기대를 가지게 되는 것이다. 로봇, 인공지능, 핵융합 기술이 발전하여 현실 속의 아이언맨을 만날 그날을 기대해 본다.

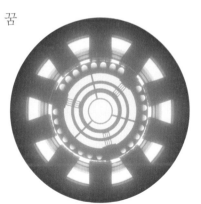

아크 원자로.

우리의 영웅에게 힘을 준 아크 원자로에 한 걸음 다가서다
-초전도 토카막 핵융합로 KSTAR^{Korea Superconducting Tokamak Advanced} Research

토카막^{Tokamak}은 1억도 이상의 수소 플라스마를 자기장을 이용해 핵융합로에 가둬두기 위해 만든 도너츠 모양의 핵융합장치로 구소련에서 개발되었다. 현재 전 세계 핵융합 연구에서 가장 많이 채택되고 있는 핵융합로다.

토카막(핵융합로).

KSTAR는 토카막^{Tokamak}방식의 융합로에 세계 최초로 초전도체를 적용하여 만든 최첨단 핵융합장치다. 주목할 점은 KSTAR가 순수한 한국기술력으로 설

KSTAR. © CC-BY-SA-4.0; IsouM

계, 제작되었다는 것과 여기에 투입된 장비와 기술적, 이론적 연구성과들은 끊임없이 발전을 거듭해온 한국 과학기술의 힘을 전 세계에 널리 알리는 계기가 되었다는 것이다.

KSTAR의 토카막^{Tokamak}은 내부를 고진공 상태로 만들어 수소 플라스마가 토카막 내부와 접촉하지 않고 공중에 떠 있는 상태로 만든다.

이러한 기술력 덕분에 비록 1.5초의 짧은 순간이었지만, 1억도 이상의 수소 플라스마를 KSTAR 토카막 핵융합로에 가둬둘 수 있었다.

이것은 세계를 선도할 대한민국의 핵융합 기술의 미래를 밝혀준 큰 성과였다. 특히 KSTAR에는 우리나라의 독보적 기술력 중 하나인 초전도체 코일이 사용되었다. 전기저항이 0인 초전도체 코일은 아주 강력한 전류를 흘려보낼 수 있다는 장점이 있다.

　이런 장점 덕분에 초전도체 코일을 장착한 KSTAR는 더 큰 자기장을 형성할 수 있고 수소 플라스마의 밀도를 높여 고성능 플라스마를 만들 수 있게 되었다.

　KSTAR는 꿈의 에너지인 핵융합 기술에 있어 세계를 선도해 나갈 한국의 자긍심이 될 것이다.

2

거미에게 물린
유전자 조작 영웅

스파이더맨

고대 전설 속의 늑대인간이나 뱀파이어부터 '고무고무나무' 열매를 먹고 고무 인간이 된 현대의 만화 주인공에 이르기까지, 특정 능력을 가진 동물이나 식물의 힘이 인간에게 전해져 괴력을 가진 초능력자나 괴물 혹은 신의 능력에 버금가는 그 무엇으로 변신한다는 설정은 우리의 상상력을 자극하는 흥미진진한 소재다. 이것은 충격적이면서도 강한 호기심을 끌 수 있는 내용이기

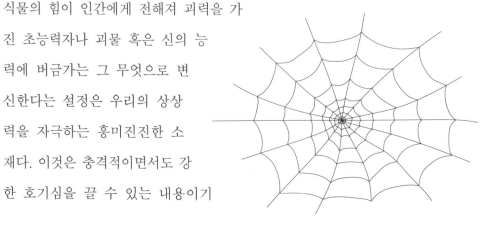

때문이다.

영화 〈스파이더맨〉에는 우연한 사고로 인생이 완전히 바뀌어버린 한 소년이 등장한다. 평범한 고등학생이었던 주인공 '피터 파커'는 어느 날 유전자 조작 거미에게 물린 뒤, 자신의 몸이 거미처럼 변해가는 것을 느끼게 된다.

순식간에 엄청난 힘을 갖게 된 피터는 거미줄을 이용해 빌딩 사이를 날아다니고 벽을 타고 오르내릴 수 있게 된다. 늑대인간이나 뱀파이어처럼 거미에 물려 거미의 형질을 고스란히 물려받게 된 것이다. 그래서 피터는 거미줄을 내뿜고 보통 사람보다 40배 이상 빠른 스피드와 벽을 부수고 강철을 휘게 할 정도로 강력한 힘을 가지고 있다. 또한 벽을 자유자재로 탈 수 있고 다가오는 위험을 감지할 수 있는 스파이더 센스도 갖는다.

이처럼 피터와 같은 경험을 통해 초인적인 능력을 갖게 되는 일이 현실에서도 가능할까?

1962년 마블코믹스의 〈어메이징 판타지 15호〉에 최초로 등장한 스파이더맨은 곧 10대 팬들을 홀리면서 전 세계적인 인기 영웅이 되어 만화, 영화, 애니메이션, 브로드웨이 뮤지컬로 선보여졌다. 마블 영웅 중 1960년대에 뮤지컬로 제작된 수퍼맨 외엔 스파이더맨이 유일한 마블의 브로드웨이 뮤지컬 주인공이다.

이처럼 세상에 나오자마자 큰 인기를 끌었던 스파이더맨이 등장했던 당시만 해도 이 모든 이야기는 상상에 지나지 않았다. 유전학이 DNA의 구조와 기능을 밝혀 세상을 놀라게 한지 이제 겨우 9년이 흘렀을 뿐이었기 때문이다.

사실 특정 생물의 돌연변이 유전자가 자연적으로 인간의 유전자에 영향을 미쳐 형질을 변하게 하는 것은 불가능하다. 하지만 현재 생명공학과 유전학은 이 불가능한 일을 가능하게 할지도 모를 답을 하나씩 찾아가는 중이다.

이것은 1865년, 멘델이 유전의 법칙을 발견한 이래, 150년간 꾸준히 성장해 온 유전학의 노력으로 이루어낸 성과다.

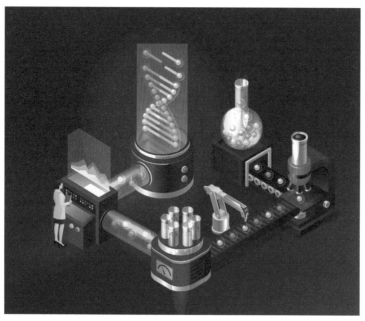

스파이더맨이 나올 당시만 해도 공상과학 영역이었던 유전공학은 이제 그 불가능을 깨고 있다.

스파이더맨은 현실에서 가능할까? - 형질전환 실험과 DNA의 발견

특정한 DNA를 세포 안에 주입하여 유전적인 성질을 변하게 하는 것을 '형질전환transformation'이라고 한다.

피터 파커가 스파이더맨이 되는 현상도 일종의 '형질전환'이라고 할 수 있다. 피터가 거미에게 물리는 순간, 거미의 DNA가 피터의 세포에 주입되어 인간의 형질을 변화시켰다. 이처럼 형질전환은 외부에서 주입된 DNA에 의해 발생한다.

불과 70년 전만 해도 인류는 DNA가 무엇이고 체내에서 어떤 역할을 하는지 알지 못했다. 20세기 초반의 과학자들은 인간의 유전물질이 단백질인가, DNA인가로 매우 혼란스러운 상황이었다. 이런 논란은 형질전환 현상을 발견하는 과정에서 인간의 유전정보를 전달해주는 중심 인자가 DNA라는 실마리를 찾게 될 때까지도 계속되었다.

형질전환은 1928년, 영국의 세균학자 프레드릭 그리피스Frederick Griffith가 최초로 발견했다. 그리피스는 폐렴쌍구균Streptococcus pneumoniae을 이용한 실험을 통해 형질전환을 증명했다.

폐렴쌍구균은 폐렴을 일으키는 유독한 균주smooth type인 S형과 무독한 균주rough type인 R형이 있다.

그리피스는 S형과 R형을 주입한 4가지 형태의 생쥐실험을 했다.

첫 번째는 유독한 S형 균주를 주입한 생쥐, 두 번째는 무독한 R형 균주를 주입한 생쥐, 세 번째는 S형 균주를 열처리하여 주입한 생쥐, 4번째는 열처리한 S형 균주와 R형 균주를 함께 주입한 생쥐다.

첫 번째 실험군의 생쥐는 죽었고 두 번째 실험군의 생쥐는 살아 있었다. 이것은 당연한 결과였다. 세 번째 열처리한 S형 균주를 주입한 생쥐도 살아 있었다. 열처리를 통해 S형 균주가 사멸했기 때문이다.

그러나 네 번째 실험군에서는 예상을 빗겨 간 결과가 나왔다. 열처리한 S형 균주와 무독한 R형 균주가 함께 주입된 생쥐가 죽은 것이다.

그리피스는 이 현상에 당황했다. 열처리로 인해 사멸한 S형 균주가 발현하지 못할 것이라고 예상했던 것과는 달리, 죽은 생쥐의 혈액에서 유독한 S형 균주가 나왔기 때문이다.

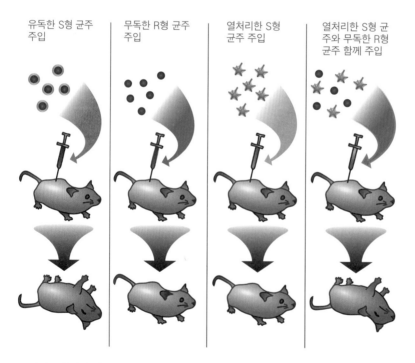

그리피스의 실험 이미지. © CC-BY-0

이것은 매우 의미 있는 결과였다. 사멸한 S형 균주 안에 있는 알 수 없는 유전 전달 물질이 무독한 R형 균주에게 전달되어 형질을 변화시켰다는 증거였기 때문이다.

이 물질을 찾아낸다면 유전 전달 물질의 실체를 알아낼 수 있는 결정적인 단서가 된다. 하지만 안타깝게도 그리피스는 R형 균주의 형질을 변환시킨 전달 물질을 찾아내지 못 했다.

그러나 그리피스의 실험으로 분자생물학이 발전했으며 이후 유전 전달 물질의 매개체를 밝혀내려는 과학자들에게 큰 단서를 제공했다. 또한 유전형질이 부모세대에서 자식 세대로만 전달되는 것이 아닌, 외부에서 주입된 유전형질에 의해서도 전달될 수 있다는 것을 알게 해주었다.

그리피스의 실험은 유전형질을 인공적으로 조합하여 원하는 형질을 만들어낼 수 있는 생명공학의 토대가 되었다는 점에서도 주목할 만한 실험이었다.

결국 이 실험은 여러 학자에게 영향을 주었고, 1944년 캐나다의 유전학자인 오스월드 에이버리[Oswald Theodore Avery]에 의해 형질전환의 매개체가 DNA라는 것이 밝혀졌다.

그러나 에이버리의 주장은 받아들여지지 않았다. 그때까지도 많은 학자들은 유전물질이 단백질이라는 믿음을 버리지 못했다.

1952년 미국의 생물학자 알프레드 허시[Alfred Day Hershey]와 미국의 유전학자 마사 코레즈 체이스[Martha Cowles Chase]가 '박테리아파지[Bacteriophage]와 대장균 실험'을 통해 유전물질이 DNA라는 확실한 증거를 내놓자 반세기에 가까운 유전형질의 전달 물질에 대한 오랜 논란은 종식되었다.

스파이더맨의 시대가 시작된 현대사회는 생명공학의 시대
-유전자 조작 genetic modification 기술

1950년대 초는 유전학 역사에서 가장 빛나는 시기였다. 형질전달물질이 DNA라는 것이 밝혀짐과 동시에 1953년 케임브리지 대학의 생화학자 '프랜시스 크릭Francis Crick'과 미국인 생물학자 '제임스 왓슨James Watson'이 DNA의 '이중나선구조'를 밝혀냈다. 이것은 DNA 연구에 있어서 획기적인 사건이었을 뿐만 아니라 20세기 최고의 발견으로 꼽을 만한 위대한 업적이었다.

DNA의 이중나선구조.

이 업적을 바탕으로 유전학과 생명공학은 급발진하기 시작했고 2003년, 드디어 인간의 유전자지도인 '인간유전자 게놈Human Genome'을 완성하게 된다.

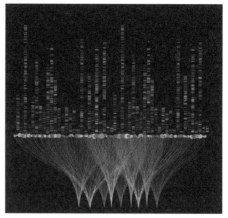

빅 게놈 데이터를 시각화한 것으로 인체 설계도로 불리는 게놈 기반 빅데이터는 바이오 헬스 등 다양한 분야에서 활용이 가능하다.

인간의 유전자는 '유전자지도'로 완벽하게 분석되었다. 이제 우리는 어떤 유전자가 어떤 형질을 만들어 내고

무슨 병을 유발하는지 전부 예측할 수 있는 시대에 살게 되었다. 심지어 식물, 동물 등의 유전자 조작을 통해 병에 강하고 더 빨리 자라며 영양가가 풍부한 새로운 종을 만들어 내는 단계까지 발전했다.

유전자 조작genetic modification 콩이나 옥수수는 더 이상 놀라운 단어가 아니다. 이제 특정 유전자를 식물이나 동물의 세포에 주입하거나 재배치함으로써 원하는 형질의 유전자를 발현시키는 일은 생각보다 쉬운 일이 되었다.

유전자 조작 기술의 종류는 여러 가지 형태가 있다. 그중 대표적인 기술이 '유전자 재조합genetic recombination' 기술이다.

스파이더맨은 거미의 유전자가 인간의 몸에 주입되어 거미의 형질이 더해진 것으로 '유전자 재조합genetic recombination'으로 탄생했다고 볼 수 있다.－물론 인공적인 주입은 아니다.

유전자 재조합 기술은 종을 뛰어넘어 필요한 유전형질만을 골라 융합하는

유전자 재조합은 수많은 분야에서 이용되고 있다.

방식을 말한다. 예를 들어, 식물인 옥수수에 원핵생물인 나비세균^{Bacillus} ^{Thuringiensis}의 BT 프로톡신을 합성하는 DNA만을 잘라내 유전자를 재조합하여 해충에 저항성을 가진 옥수수를 만들 수 있다. 곤충에게 해로운 물질인 BT 프로톡신을 생성해내는

대표적인 유전자 조작(GMO) 식물로는 옥수수가 있다.

옥수수는 농약을 주지 않아도 스스로 해충을 퇴치하는 옥수수로 형질전환된 것이다.

우리에게 '유전자 재조합'은 선뜻 긍정적으로 받아들이기 어려운 단어다. 그럼에도 유전자 재조합 기술은 인류에게 수많은 혜택을 가져다 주기도 했다.

그 대표적인 것이 유전자 재조합에 의한 인슐린의 대량 생산이다. 당뇨병 환자들에게 있어 인슐린 투약은 생명을 연장하는 일과 같다.

소나 돼지의 췌장에서 추출한 인슐린의 가격은 매우 비싸고 부작용의 위험도 컸다. 하지만 인간의 인슐린 DNA와 대장균과의 유전자 재조합을 통해 대량 생산이 가능해지면서 전 세계의 당뇨병 환자들은 보다 저렴한 가격에 안전한 인슐린을 공급받을 수 있게 되었다. 이밖에도 성장호르몬, 알부민, 간염 백신 등 신약을 개발하거나 다양한 유전병의 치료제를 만드는 데 유전자 재조합 기술은 큰 역할을 하고 있으며 미래가 기대되는 분야임은 확실하다.

유전자 재조합 기술과 더불어 최근 가장 주목받고 있는 유전자 조작 기술이 '유전자 가위'다. 유전자 가위 기술은 원하는 DNA 형질을 아주 정교하고 세밀하게 잘라내어 유전자를 교정하는 기술을 말한다.

'유전자 재조합'과 '유전자 가위'는 접근 원리가 다른 기술이다. 기존의 개체에 다른 유전자를 주입하여 강점을 만드는 기술이 '유전자 재조합'이라면 '유전자 가위'는 기존의 유전자에서 약점만을 잘라내어 신품종이나 형질을 전환 시키는 기술이다.

유전자 '가위 기술'을 긍정적으로 생각하는 과학자들은 기존의 유전자에서 약점만을 선별적으로 잘라냈기 때문에 상대적으로 안전하다고 주장한다.

유전자 편집

가이드 RNA

Cas9

PAM

분할

설계된 DNA

새로운 유전자 결합

유전자 가위 기술 과정.

하지만 '유전자 가위' 기술로 탄생한 동, 식물을 유전자 조작의 범위에 넣을 것인지 말 것인지에 대한 논의는 여전히 뜨겁다고 한다.

유전자 가위 기술은 1~3세대까지 있으며 최근 가장 주목받고 있는 유전자 가위 기술은 3세대인 크리스퍼CRISPR-Cas9다.

크리스퍼 기술은 미국 버클리대 제니퍼 다우드나Jennifer A. Doudna 교수와 독일 하노버대 엠마뉴엘 카펜디어Emmanuelle Charpentier 교수가 이끄는 공동연구팀에 의해 2012년 발표되었다.

이것은 기존의 1, 2세대 유전자 가위 기술과는 비교도 안 될 만큼 혁신적인 기술로 유전 공학의 새로운 지평을 열게 되었다. 크리스퍼는 교정 유전자를 찾아내는 RNA와 인공 제한 효소인 Cas9이 결합한 형태로 되어있다.

교정 유전자를 찾아내는 RNA는 일종의 길잡이 역할을 한다. RNA는 교정 유전자를 찾아낸 후 결합한 다음 교정 유전자의 이중나선구조를 풀어내어 한 가닥으로 만든다. 그때 제한 효소인 Cas9이 교정 유전자의 이중나선구조의 양 가닥을 모두 절단한다.

그리고 절단된 유전자에 새로운 정상유전자를 만들어 끼워 넣는다. 상상 속에서나 가능할 것 같은 놀랄만한 기술이 21세기에 실현된 것이다.

기존 1, 2세대 유전자 가위 기술은 복잡하고 까다로우며 수개월에서 수년이 걸리는 엄청난 비용의 기술이었지만, 크리스퍼로 인해 며칠이면 해결 가능한 대중적이고 저렴한 기술이 되었다.

크리스퍼 기술의 성공은 생명공학이 실험실을 벗어나 인간의 삶 속으로 들어올 날이 머지않았음을 알려주는 신호탄이 되었다.

'유전자 가위' 기술로 탄생한 대표적 작물에는 갈변 현상이 없는 양송이가 있다. 이것은 펜실베이니아 주립대학 연구팀이 개발한 것으로, 양송이 유전자에서 갈변을 일으키는 유전자만 제거하여 만들었다.

유전자 가위 기술을 동물에 적용한 사례도 있다. 대표적인 동물이 돼지다. 돼지는 인간의 유전자와 많은 부분에서 가깝기 때문에 다양한 분야에서 응용되고 있다.

평범한 돼지의 2배 이상의 근육을 자랑하는 '수퍼 근육 돼지', 알츠하이머 연구를 위해 유전자 조작을 한 '알츠하이머 돼지', 다양한 병을 연구하기 위해 면역체가 없이 태어난 '면역결핍돼지' 등 인간의 질병 연구와 치료를 위해 유전자 가위 기술이 사용되고 있다.

유전자 가위 기술 또한 완전한 기술은 아니다. 여전히 부작용은 있으며 잘 못 잘라냈을 때는 오히려 돌연변이가 발생할 수 있다는 약점도 있다.

유전자 가위를 인간에게 사용하여 원하는 아기의 성별, 특성, 질병 등을 조 작적으로 만들어내는 것에 대한 논란 또한 뜨거운 감자다.

실제 2018년 중국 남방과기대 허젠쿠이 교수는 유전자 가위 기술을 이용하 여 AIDS 면역을 가진 쌍둥이 여아 출산을 성공시켰다고 주장해 생명 윤리에 대한 논란을 일으킨 사례도 있다.

지난 150년간 쉼없이 걸어온 유전학과 생명공학의 발전은 인류의 노력으로 쌓아온 멋진 성과 중 하나다.

우리는 어느 날, 우리들의 영웅, 친절한 이웃! 스파이더맨을 탄생시키는 그 날을 맞이하게 될지도 모른다.

스파이더맨을 좋아하는 팬이라면 스파이더맨의 모토^{motto}인 '큰 힘에는 큰

책임이 따른다'는 말을 잘 알 것이다.

스파이더맨이 우리에게 주는 메시지처럼 인류가 경험하게 될 미래의 유전자 기술에는 큰 책임이 따른다는 것을 잊지 말아야겠다.

유전자 조작이 일상화된 사회는 어떤 모습일까?

스파이더맨은 우리 곁에 어디까지 와 있는가 - 제한효소

제한효소$^{restriction\ enzyme}$는 1960년 스위스의 생물학자 베르너 아르버^{Werner} ^{Arber}가 최초로 발견했다.

베르너는 대장균이 세포에 침입한 바이러스의 감염을 막기 위해 제한효소를 이용해 바이러스의 DNA의 염기서열을 잘라내는 모습을 관찰하는 과정에서 발견하게 되었다.

제한효소는 특정 DNA를 절단하는 핵산 분해효소로 다양한 종류가 있다. 유전자 가위인 크리스퍼의 Cas9-gRNA 복합체도 제한효소의 한 종류다.

베르너 박사의 뒤를 이어 미국의 미생물학자인 해밀턴 오서널 스미스^{Hamilton} $^{Othanel\ Smith}$는 제한효소가 DNA를 잘라내는 것을 실제로 증명하였으며 제한효

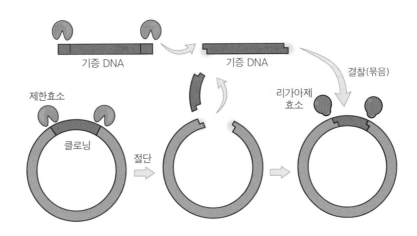

유전자 가위를 이용한 유전자 편집.

소의 절단 부분의 화학구조와 규칙성을 밝혀냈다.

미국의 미생물학자인 대니얼 네이선스Daniel Nathans는 베르너와 해밀턴 박사의 연구를 최초로 유전학에 접목해 제한효소 연구의 지평을 넓혔다.

대니얼 박사는 원숭이 바이러스의 DNA를 제한효소로 절단하는 실험에 성공했다. 이 실험으로 더 복잡한 유전형질을 가진 고등생물에도 제한효소의 기능을 적용할 수 있는 가능성이 열리게 되었다.

제한효소 연구를 인정받은 베르너 아르버Werner Arber, 해밀턴 스미스Hamilton Othanel Smith, 대니얼 네이선스Daniel Nathans는 1978년 노벨 생리의학상을 수상하게 되었다.

유전자 가위나 재조합 과정에서 제한효소의 역할은 매우 중요하다. 원하는 형질의 DNA를 정교하고 세밀하게 잘라낼 수 있는 기술이 발전하면서 유전공학이 발전할 수 있었기 때문이다.

유전자 가위는 유전공학이 발전하는 데 큰 공헌을 하고 있다.

3

미래의 기술 전쟁
양자역학으로
태어난 영웅

앤트맨

여러분은 단 한 가지 초능력이 주어진다면, 어떤 능력을 가지고 싶은가?

하늘을 날아다니는 능력, 순간이동 능력, 상대방의 마음을 조종하는 능력, 시간을 돌리는 능력, 그 어느 것 하나 탐나지 않는 능력이 없다.

누구나 한 번쯤은 해보았을 우리의 이런 상상들은 수많은 수퍼영웅을

탄생시켰다.

그중에서도 자신의 몸을 자유자재로 늘렸다 줄였다 하는 능력을 부여받게 된다면 어떨까?

어느 날 갑자기 이런 능력이 주어진 사람이 있다. 바로 작지만 강한 영웅 '앤트맨'이다.

영화 속 주인공 '스캇 랭'은 개미만큼 작아지다가도 자유의 여신상만큼 커질 수도 있는 슈트를 얻게 된다. 슈트를 만든 사람은 1대 앤트맨이자 물리학자인 핌 박사다.

핌 박사는 절도범 출신의 전과자인 스캇의 과거 행적을 지켜보면서 자신의 뒤를 이을 2대 앤트맨으로 낙점한다.

딸을 만나기 위해 돈이 필요했던 스캇은 핌 박사의 거래를 받아들이고 2대 앤트맨의 삶을 살게 된다.

이후 스캇은 앤트맨 슈트를 이용해 미시세계인 양자의 세계에서 초대형 거인에 이르기까지 우주의 다양한 시공간을 넘나들 수 있는 능력을 얻게 된다.

앤트맨은 대놓고 양자역학 이론을 배경으로 만들어진 영웅이라고 해도 과언이 아니다.

과학에 관심이 없는 관객들조차도 영화가 끝나면 최소한 '양자역학'의 이론 중 하나 정도는 듣고 집으로 돌아가게 된다.

주인공 스캇은 스파이더맨처럼 유전자 변형이 된 것도, 아이언맨이나 블랙 팬서처럼 천재적인 능력을 가진 것도, 닥터 스트레인지처럼 마법을 익힌 것도 아니다. 양자역학을 바탕으로 제작된 앤트맨 슈트에 의해 힘을 조절할 수 있을 뿐이다. 또한 철저하게 과학에 근거해 만들어진 영웅이면서도 절도범이라는 약점을 가진, 가장 영웅답지 않은 영웅이다.

그러나 다소 괴팍한 아이언맨이나 유쾌함과 가벼움이 함께하는 스파이더맨, 분노 조절 장애인 헐크와는 달리, 누구보다 딸과 가족을 사랑하는 유머러스하고 지극히 인간적이며 따뜻한 마음을 가진 영웅상을 보여준다는 데서 앤트맨의 차별성을 볼 수 있다.

이 영화에서 다루는 과학은 21세기 물리학의 양대 산맥 중 하나인 양자역학의 세계다.

그리고 양자역학은 반도체나 디스플레이 기술이 세상에 나올 수 있었던 이론적 바탕이다.

양자의 세계는 우리가 살고 있는 세상의 물리 법칙이 통하지 않는 마치 마법과도 같은 세계로, 아인슈타인은 죽을 때까지 양자역학을 인정하지 않았다고 한다. 과학과는 거리가 먼 것처럼 보이는 과학이었기 때문이다.

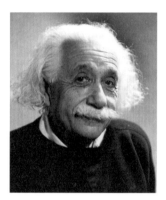

알베르트 아인슈타인.

그러나 이 과학스럽지 않은 과학이 현대 우리가 사용하고 있는 최첨단 반도체 기술을 비롯한 전자, 전기 기술의 토대가 되고 있다. 그래서 더더욱 놀랄 만한 일이다. 이것은 마치 냉장고의 원리는 알 수 없지만 냉장고를 사용하는 일과 똑같다.

닐스 보어와 아인슈타인이 양자역학을 두고 승부를 벌이던 20세기 초반만 해도 우리에게 '양자컴퓨터'라는 단어는 영화보다 더한 상상 속 산물이었다. 그리고 불과 100여 년이 지난 지금, 우리는 양자컴퓨터와 양자암호를 상용화하기 위한 기술적 기반을 만들어 가고 있다.

2020년 LA 전시회에서 선보인 IBM의 양자 컴퓨터.

 어쩌면 앤트맨이 늘었다 줄었다를 가능하게 해주는 핌 입자도 미래의 어느 날, 영화적 상상력을 벗어나 실제 발견될지는 아무도 모르는 일이다.

 그렇다면 이와 같은 초능력을 갖게 만든 앤트맨에는 어떤 마법 같은 과학의 원리가 작동하고 있을까?

평범한 인간을 초능력자로 만든 앤트맨의 과학 1
-양자도약^{quantum jump}과 양자공동^{Quantum void}

영화 〈앤트맨〉에서 원자 안에 있는 원자핵과 전자 간의 거리를 줄일 수 있는 앤트맨 슈트의 핵심 물질로 등장하는 '핌 입자'는 영화적 상상력의 산물로 세상에 존재하지 않는다. 이 핌 입자의 원리를 이해하기 위해서는 먼저 원자에 대한 이해가 있어야 한다.

리처드 파인만.

미국의 천재 이론물리학자인 리처드 파인만 ^{Richard P. Feynman}은 '이 세상을 이루는 모든 물질들은 원자로 이루어져 있다'라고 말했다.

파인만의 말처럼 우리 주변의 모든 물질의 최소 단위는 원자다. 원자는 중심에 원자핵이 있고 원자핵 안에는 +전하를 띤 양성자와 전하를 가지고 있지 않는 중성자가 있다.

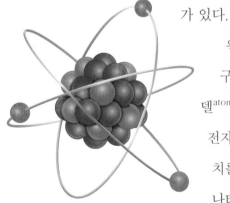

물질의 최소 단위인 원자 이미지의 예.

원자핵 주변에는 −전하를 띤 전자^{electron}가 구름처럼 분포하고 있다는 것이 최신 원자모델^{atomic model}이다.

전자구름^{Electron cloud}은 원자핵 주변의 전자 위치를 정확히 확정할 수 없지만 확률적으로만 나타낼 수 있기 때문에 구름이라고 표현했다.

원자의 성질을 이해하면 우리는 우주의 모든 물질에 대한 이해도 가능하다.

원자의 크기를 조절하는 핌 입자의 아이디어는 원자 안에 빈 공간이 있다는 전제에서 시작한다.

과연 우리 눈에 보이지도 않는 작은 원자 안에 줄이고 늘리고 할 공간이 있을까?

물리학이 밝혀낸 원자핵과 전자 사이의 공간은 우리의 생각과 다르게 엄청나게 넓은 빈 공간을 가지고 있다고 한다

원자핵과 전자 간의 거리를 우리가 가늠할 수 있게 설명하기 좋은 장소가 축구장이다.

원자핵을 축구장 한가운데에 놓인 축구공이라고 가정했을 때, 전자는 축구장 외곽을 도는 먼지라고 설명할 수 있다.

이 비유만으로도 원자 안의 공간이 얼마나 텅 비어 있는지 알 수 있다.

우리가 인식할 수 있는 현상계는

축구장의 축구공이 원자핵이라면 전자는 축구장 외곽을 도는 먼지로 비유할 수 있다..

원인과 결과가 분명한 물리법칙이 작용하고 있는 장소다. 야구공을 던지면 야구공의 방향과 속도 그리고 떨어질 위치가 어디인지를 정확히 계산해 낼 수 있다.

이렇게 모든 운동은 물리적으로 설명할 수 있으며 수학으로 풀어낼 수 있고 정확히 예측할 수 있다는 것이 뉴턴 이후의 고전물리학이다.

하지만 원자가 모든 물질의 기본 단위라는 것을 알게 되고 원자 단계보다

더 작은 양자의 세계를 발견하게 되면서 우리가 알고 있던 고전물리학의 법칙들은 큰 난관에 부딪히며 혼란 속으로 접어들게 되었다.

오랜 논의 끝에 물리학자들이 결론 지은 양자^{quantum}의 정의는 '모든 물질량의 최소 단위로, 무엇인가 띄엄띄엄 떨어진 양으로 있는 것'을 말한다.

양자 세계에서 전자는 원자핵으로부터 연속적이 아닌, 띄엄띄엄 존재하고 있고 일정한 위치에만 존재한다. 원자 안에 전자는 야구공과는 다르게 움직이는 것이다. 따라서 야구공처럼 정확한 위치에너지와 운동에너지를 예측하기 어려웠다.

전자는 위치와 운동량을 동시에 측정할 수가 없었다. 이것이 양자의 세계에서 벌어지고 있는 일이었다.

현대의 원자모델이 만들어지기 전 영국의 물리학자 어니스트 러더퍼드^{Ernest} ^{Rutherford}는 전자가 마치 태양의 주변을 도는 지구처럼 원자핵 주변을 돌고 있다는 원자 모형을 제시했다.

하지만 이 원자 모형은 모순을 가지고 있었다. 그것은 입자이면서 파장인 전자가 원자핵 주변을 돌게 되면 전자기파가 발생하여 에너지가 점점 줄게 되면서 원자핵 안으로 빨려 들어가야 한다.

러더퍼드의 이론이 맞다면 모든 물질은 사라져야 한다. 하지만 그런 일은 발생하지 않고 있다.

러더퍼드의 원자 모형에 이어 덴마크의 물리학자이자 양자역학의 거두인 닐스 보어$^{Niels Bohr}$는 새로운 원자 모형을 제시했다.

보어는 전자가 마치 행성인 지구처럼 원자핵 주변을 일정한 궤도를 따라 돌고 있는 것이 아닌, 원자핵 주변의 정상 궤도 내에서 순간이동을 한다고 주장했다.

다시 말해 전자가 원자핵 주변을 정상궤도를 따라 한 바퀴 돈다고 가정했을 때. A 지점에서 출발해서 반대편 B 지점까지 지구가 공전하듯이 연속적으로 궤도를 따라 이동하는 것이 아닌 A 위치에서 사라져 반대편 B 위치에 짠하고 나타난다는 것이다.

보어는 이렇게 전자가 순간이동을 하면서 궤도를 이동할 때 전자기파를 방출하거나 흡수한다고 설명했다. 이렇게 전자가 한 위치에서 다른 위치로 순간이동하는 것을 양자도약$^{quantum\ jump}$이라고 한다.

양자도약 현상은 양자의 세계에서 에너지가 연속적인 아닌, 불연속적으로 존재한다는 의미였다.

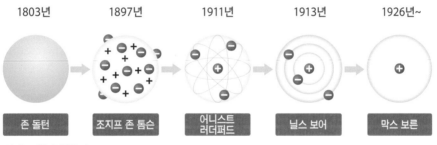

원자 모형의 변천사.

그림을 그릴 때 모자이크 기법을 떠올리면 불연속적이라는 의미를 좀 더 쉽게 이해할 수 있을 것이다.

우리가 살고 있는 물질계에서 도화지에 붓으로 포도를 그린다고 가정하자.

포도의 모양은 붓의 선과 면이 연속적으로 이어져 우리가 익히 알고 있는 포도의 모양과 색이 나타난다.

하지만 이 포도를 양자의 세계로 가져다  그린다면 양자 세계의 포도는 우리가 알고 있는 모습의 포도가 아니다. 양자의 세계에서는 포도의 모양을 연속적인 선을 이어 그릴 수가 없 다. 마치 모자이크로 표현하듯 동그란 포도알을 네모난 작은 픽셀로 잘라 조

우리가 알고 있는 포도 모양은 양자의 세계에서 는 전혀 다른 모양이 된다.

각조각 이어 붙여나가듯 표현할 수밖에 없다.

아마 양자의 세계 밖에서는 이것이 연속적인 포도 모양처럼 보일지도 모 른다. 하지만 양자의 세계에서는 컴퓨터와 같이 디지털로 표현되고 있는 것 이다.

일정한 위치에 하나의 픽셀을 넣어 이어 붙이는 모자이크처럼 전자는 일정 한 공간에만 존재할 수 있고 에너지값을 가질 수 있다는 것이 보어의 주장이 었다.

전자의 에너지가 양자도약하여 나타나는 공간은 정해져 있었다. 전자가 양 자도약하여 나타나는 공간과 나타나지 않는 공간이 있으며 이 중 전자가 나 타나지 않는 공간을 양자공동Quantum void이라고 한다.

이런 전자의 움직임을 관찰한 초기 양자역학 학자들은 매우 당황스러워 했 다. 그리고 양자역학이 처음 세상에 나왔을 때, 물리학자들 또한 혼란에 쌓여 있었다고 한다. 사실 양자의 세계처럼 들으면 들을수록 판타지 소설 같은 세 계도 없을 것이다.

앤트맨의 핌 입자는 이 비어 있는 양자공동의 공간을 줄이거나 늘릴 수만

있다면 물질의 크기를 마음대로 조절할 수 있을 거라는 상상력에서 출발한

것이다. 즉 이상한 나라의 엘리스에서  몰약을 먹으며 커지거나 작아지던 판타지 같은 설정이 과학적 이론을 토대로 발휘된 것이 바로 앤트맨이니 과학적 상상력의 집합체라고 봐도 무방한 영웅일 것이다.

평범한 인간을 초능력자로 만든 앤트맨의 과학 2
-양자의 중첩과 얽힘 현상

앤트맨의 탄생 이론에는 또 다른 발견이 있다.

양자의 세계를 탐구하던 물리학자들은 또 하나의 신기한 현상을 발견하게 되었다. 그것은 양자의 얽힘^{entanglement} 현상이었다.

앤트맨의 두 번째 시리즈인 '앤트맨과 와스프'에서는 주인공 스캇이 핌 박사의 아내인 자넷 반다인과 연결되어 반다인의 마음이 전해지는 장면이 나온다.

이 사실을 전해 들은 핌 박사는 자신의 아내이자 1대 와스프인 반다인이 살아 있음을 확신하고 이 현상을 '양자 얽힘'이라고 설명한다. 양자 얽힘을 이해하기 위해서는 먼저 양자 중첩^{superposition}을 알아야 한다.

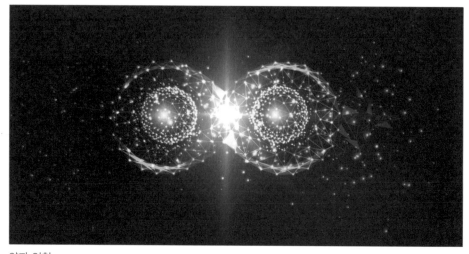

양자 얽힘.

양자역학이 출현하기 전의 물리학자들(고전물리학자로 불린다)은 이 세상의 물질이 입자와 파동 중에 하나라고 보았다.

입자를 쉽게 떠올릴 수 있는 예로는 밀가루를 상상하면 된다. 밀가루 입자를 똘똘 뭉쳐 밀가루 공을 만든 뒤 두 개의 긴 직사각형의 구멍(이중슬릿)에 이 밀가루 공을 쏘아 보내보자.

구멍을 통과한 밀가루 공은 반대쪽 스크린에 가 부딪혀 구멍의 모양대로 두 개의 막대 형태의 무늬를 만들어낼 것이다.

만약 이중슬릿 구멍을 통과하지 못했다면 밀가루 공은 튕겨 나와 바닥에 떨어질 것이다. 이때 밀가루 공이 구멍을 통과해 스크린에 부딪힐 때까지 시간에 따른 정확한 위치를 관측하고 운동량과 속도를 계산할 수 있다.

이것이 입자의 대표적 성질이다.

이번엔 파동을 생각해 보자. 우리가 가장 많이 볼 수 있는 파동으로 '물결파'가 있다. 물결 위에 돌을 던지면 생기는 수면의 동그라미 파장인 물결파를 이중슬릿에 흘려보내면 어떻게 될까?

물결파.

물결파도 밀가루 공처럼 두 개의 긴 슬릿 구멍을 통과한 다음, 스크린에 부딪혀 무늬를 만들어 낼 것이다.

그런데 입자였던 밀가루공과는 달리 물결파는 파장 간의 간섭으로 인해 여러 개의 막대무늬를 만들어낸다. 이것을 간섭무늬라고 한다.

파동은 입자와는 다르게 정확한 위치를 알 수가 없다. 왜냐하면 밀가루 공처럼 시간과 위치를 관측하기 힘들기 때문이다.

이 이중슬릿 실험은 물질이 입자인지 파동인지를 알 수 있게 해주는 실험으로, 입자인 물질은 두 개의 막대 모양을 만들어 내고 파동인 물질은 여러 개의 간섭무늬를 만들어 낸다는 것을 알게 해주었다.

이중슬릿실험을 처음으로 고안했던 사람은 1801년 영국의 의사이자 물리학자인 토마스 영$^{Thomas\ Young}$이다. 그는 이 실험을 통해 빛이 파동임을 증명했다.

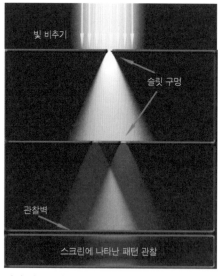

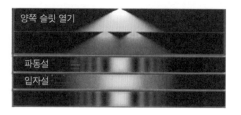

영의 이중슬릿 실험.

그리고 얼마 후 양자역학을 연구하던 물리학자들은 이 실험을 양자의 세계로 가져왔다. 이것이 그 유명한 전자의 이중슬릿실험이다.

이 실험을 하게 된 이유는 전자가 입자인지 파동인지를 알기 위해서였다.

1927년 클린턴 데이비슨과 레스터 저머는 전자의 이중슬릿 실험을 통해 물

리학계를 뒤집어 놓을
충격적인 결과를 발표
했다.

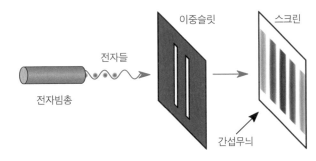

전자의 이중슬릿실험.

전자가 입자이면서
파동인 중첩의 상태를
가지고 있다는 것이었
다. 그리고 학자들은 양자역학을 공부하기 위해서는 뇌수술을 받아야 한다고
할 정도로 이 개념을 받아들이기 힘겨워했다.

우리가 보고 만질 수 있는 세상에서는 입자이면서 파동인 물질은 없다. 두
가지 성질이 중첩되어 있다는 것은 양자의 세계에서만 벌어지는 일이다.

만약 사람이 입자이면서 파동이면 우리는 변신 가능하고 공간을 자유롭게
이동도 할 수 있는 인류가 되었을지도 모른다.

전자의 이중슬릿실험 후, 전자가 입자이면서 파동임을 받아들이기까지 많
은 시간이 필요했다. 하지만 결국 물리학자들은 이 사실을 인정하지 않을 수
없었다.

양자역학자들은 전자와 광자는 어떻게 운동하는 것인지 원리가 매우 궁금
했다. 입자의 운동과 파동의 운동은 서로 완전히 다른 개념이었기 때문이다.

전자의 이중슬릿실험을 통해 전자의 중첩현상을 알게 된 물리학자들은 어
떻게 이런 현상이 일어나는지 전자의 운동을 유심히 관찰하기 위해 새로운
장치를 고안해 냈다. 전자가 이중슬릿을 통과할 때 사진을 찍어 관측하기로
한 것이다.

실험결과는 다시 한번 충격속으로 몰아넣었다.

전자를 관측하자마자 파동처럼 움직이던 전자가 마치 입자처럼 행동한 것이다. 마치 전자가 자신의 움직임을 관찰하고 있다는 것을 아는 듯했다.

이 사실에 양자역학자들은 당혹감을 넘어서 눈 앞에 벌어지는 일을 인정하는 것조차 힘겨웠다고 한다.

하지만 실험 결과마다 똑같은 상황이 반복되자 결국 1920년대 양자역학을 이끌어 가던 '코펜하겐 학파'의 수장인 닐스 보어는 다음과 같은 결론을 내리게 된다.

'전자는 입자와 파동의 이중성을 가지며 측정과 동시에 한 상태로 결정된다.'

관측자가 관측을 하기 전에는 파동이면서 입자이고 입자이면서 파동인 중첩상태에 있던 전자가 관측을 하는 동시에 입자로 결정된다는 것이다. 파동인지 입자인지를 결정하는 것은 결국 관측자에 달렸다는 말이다.

이 가설이 발표되었을 때 닐스 보어가 이끄는 코펜하겐 학파는 많은 물리학자들에게 비난을 받았다. 특히 죽을 때까지 양자역학을 인정하지 못했던 아인슈타인은 양자역학에 대해 노골적으로 비판했으며 물리학자 슈뢰딩거는 고양이를 빗댄 그 유명한 '슈뢰딩거의 고양이' 가설로 비꼬기까지 했다.

하지만 현대 물리학에서는 전자의 이중성에 대해 의심하지 않는다. 이 중첩 상태의 전자는 또 한 번 마법과 같은 일을 벌이는데 그것이 바로 앞서 이야기했던 양자 얽힘^{quantum entanglement}현상이다.

양자 얽힘 현상이란 입자 하나가 두 개로 나뉘었을 때 두 입자는 앞서 말했던 양자 중첩^{quantum superposition} 상태로 이중성을 가진다. 그때 한쪽 입자가 관측에 의해 결정이 나게 되면 양자 얽힘으로 서로 연결된 다른 한쪽 입자의 상태도 결정된다는 이론이다.

양자 얽힘을 쉽게 이해할 수 있는 예를 들어보자.

안드로메다에 사는 새가 한 마리
있다. 이 새는 항상 쌍둥이 알을 낳
는다. 그런데 어느 날 물리학자가 쌍
둥이 알 중 하나를 가지고 지구로 온
다. 이 새알에는 독특한 특징이 있었
는데 쌍둥이 알은 반드시 암수가 태
어난다는 것이다.

안드로메다의 새알 중 지구로 가져온 새알이 깨
어나 암수를 아는 순간 안드로메다의 남은 새알
의 성별을 알 수 있다.

지구로 온 알에서 아기 새가 태어
날 때까지는 알 속의 아기 새는 암컷이자 수컷인 중첩상태에 있다. 하지만 지
구의 물리학자가 알을 깨고 태어난 새를 관찰하는 순간, 아기 새는 암컷으로
결정지어졌다. 중첩상태에 있던 아기 새의 성별이 관측자인 물리학자에 의
해 결정이 나자 안드로메다에 있는 알은 보지 않아도 수컷이라는 것을 알 수

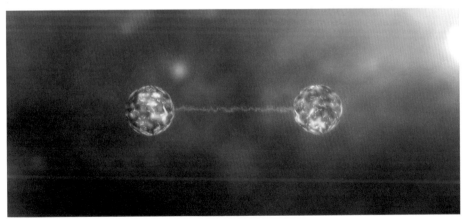

양자 얽힘.

있다.

이처럼 한쪽의 성질이 결정되는 순간 다른 쪽에도 영향을 주어 입자인지 파동인지가 결정되는 것이 양자 얽힘 이론이다.

이렇듯 같은 입자에서 나온 두 양자 간의 관계는 아무리 멀리 떨어져 있어도, 두 양자를 이어주는 매개체가 없어도 서로 상호작용을 한다는 것이 양자 얽힘 이론이다. 〈앤트맨과 와스프〉에서 자넷 반다인이 스캇랭과 연결될 수 있었던 이유도 바로 이런 원리에서 모티브를 빌려온 것이다.

지금도 양자역학자들은 왜 관측 시 입자의 상태가 결정되며 전자의 중첩이 일어나는지조차 정확하게 알지 못한다고 한다.

이런 이유로 마치 양자의 세계는 물질계와는 또 다른 차원의 마법 세계처럼

자율주행, 스마트폰, 자기부상열차, 디스플레이 등 4차산업을 이끌어가는 수많은 분야들이 양자역학으로 인해 가능해졌다.

보인다. 과학의 영역이라기보다 판타지 소설의 세계가 더 잘 어울릴 정도다.

그런데 이 마법 같은 과학이 4차 산업을 이끌어가고 있는 컴퓨터와 스마트폰, LED, 자율주행차, 자기부상열차 디스플레이의 부품과 소재 등 전자기기들의 발전을 이끌어 냈다는 것을 생각한다면, 양자역학은 우리가 아직은 모를뿐, 실재하는 세계임이 분명하다.

과연 양자역학은 우리에게 우주의 어디까지 설명해줄 수 있을까? 양자역학의 비밀이 풀린다면 인간의 세계는 지금과는 차원이 다른 환경을 맞이하게될 것이다.

양자역학이 안내할 미래 세계는 우주의 비밀에 더 많이 다가가 있을 것이다.

과학이지만 마법의 영웅 앤트맨의 또 다른 과학
- 질량보존의 법칙과 질량 - 에너지 등가의 원리

앤트맨은 상당히 난해한 양자역학을 바탕으로 만들어진 영화지만 과학적 근거를 기반으로 만들어진 SF영화^{science fiction films}와는 거리가 있다. 앞에서 앤트맨의 과학적 원리와 개념을 설명하기는 했지만 사실 핌 입자의 가능성도 과학적으로는 불가능하다.

그런데 이보다 더 비과학적인 부분은 앤트맨의 크기 조절이다. 앤트맨의 줄었다 늘었다 하는 신체 변화는 사실 가장 말이 안 되는 부분이다. 화학의 가장 기본적인 법칙인 질량보존의 법칙을 완전히 무시하고 있기 때문이다.

질량보존의 법칙은 1772년 프랑스의 화학자 라부아지에^{Antoine Lavoisier}가 발견했다.

'물질의 화학반응 전·후의 질량은 같다'는 것이 질량보존법칙의 핵심 내용이다.

앤트맨도 질량보존의 법칙이 적용된다. 앤트맨의 몸무게를 대략 80kg라고 가정했을 때, 개미만큼 작아진다고 해도 여전히 앤트맨의 몸무게는 질량보존의 법칙에 의해 80kg이다. 여기서 질량과 무게를 혼동하면 안 된다. 무게는 중력이 질량에 가해져 나타나는 물리량이며 질량은 중력이나 물질 상태에 영향을 받지

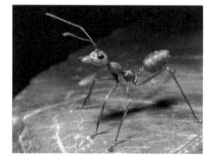

개미.

달의 중력은 지구의 $\frac{1}{6}$이다. 따라서 몸
무게도 $\frac{1}{6}$로 줄지만 질량은 변함없이
같다. 이것이 질량보존의 법칙이다.

않는 물질 고유의 양을 말한다.

달의 중력은 지구의 육분의 1로 달에서 몸무게를 재면 지구에서 잰 몸무게
보다 훨씬 가볍게 측정된다. 하지만 지구에서 질량이 80g인 공은 달에서도
80g으로 똑같다.

그래서 앤트맨이 개미만큼 작아져도 앤트맨의 질량은 여전히 80kg인 것이
다. 그런데 영화에서 앤트맨은 개미군단의 대장 개미 앤토니 등에 가볍게 올
라타 날아다닌다. 앤토니가 괴력 개미가 아닌 다음에야 이것은 불가능한 이야
기다.

과학적으로 성립하려면 앤트맨이 개미만큼 작아지면서 몸무게가 5g이 되었
다면, 앤트맨의 질량 중 79.995kg은 에너지로 방출되어야 한다.

이것은 아인슈타인의 질량-에너지 등가의 원리인 $E = mc^2$에 의해 계산할
수 있다. $E = mc^2$는 질량이 에너지로 에너지가 질량으로 교환될 수 있음을 말
해주는 공식이다.

이 공식에 의하면 1kg 질량이 에너지로 변환되면 10,000,000,000kwh

다. 2020년 서울 마포구 1월~6월까지 6개월간 가구당 평균 전력사용량은 218,1kwh였다.

단지 1kg의 질량이 에너지로 변환되었을 뿐인데도, 약 4천 5백 8십만 가구가 6개월 동안 쓸 수 있는 에너지를 얻을 수 있는 것이다. 마포구 주민을 넘어 전 국민이 약 6개월간 사용가능한 전력이 발생하는 것이다.

그런데 만약 엔트맨의 몸무게가 에너지로 전환된다면 어떤 일이 벌어질까?

앤트맨이 방출하는 에너지는 히로시마에 떨어진 원자폭탄의 수십 배가 되는 에너지다. 다시 말해, 앤트맨이 개미만 해져 질량이 줄어들게 될 때는 $E = mc^2$에 의해 엔트맨은 핵폭탄이 되어 폭발하게 된다.

그래서 우리는 비극적이게도 앤트맨을 볼 수 없게 될 것이다. 따라서 앤트맨은 과학적이지만 판타지적이기도 하다.

앤트맨은 사실 몸이 줄어든 만큼 질량에 변화가 오면서 핵폭탄이 될 수도 있다.

4

두 개의 자아가
존재하는 괴력의
영웅

헐크

마블의 수퍼영웅 중 신체의 힘만으로 보자면 헐크를 따라올 자가 없을 것이다. 특별한 무기나 슈트가 없이도 맨주먹과 맨몸만으로 엄청난 괴력을 낼 수 있는 유일한 캐릭터다.

〈어벤저스1〉에서 토르의 동생 로키가 '우리는 군대가 있다'라며 토니 스타크(아이언맨)를 위협하는 장면이 나온다.

그러자 토니는 '우리에겐 헐크가 있지'라고 받아칠 정도로 헐크가 얼마나 대단한 위력을 가지고 있는지 알 수 있다. 그런데 농담이지만 이 헐크의 팬티가 더 엄청난 과학적 결과물일 수도 있다. 변한 헐크의 신체와 힘을 거뜬히 버텨주기 때문이다.

헐크의 주인공인 브루스 베너 박사는 실험 도중 엄청난 양의 감마선에 노출되는 사고를 당한다. 이 사고로 인해 부르스의 몸엔 또 다른 자아가 생기는데 그것이 바로 녹색 괴물 '헐크'다.

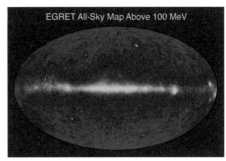

콤프턴 감마선 관측선(CGRO)으로 촬영한 감마선 지도.

헐크의 힘은 반신으로 등장하는 토르를 제외하고는 지구 최강이라 할 만큼 인간의 레벨을 뛰어넘은 지 오래다.

탱크를 마치 이불 털 듯 털어 구겨버리고 두 손을 모아 박수를 쳤을 뿐인데 폭풍이 일어 군대를 날려버린다. 거대한 빌딩 숲을 아무런 장치 없이 뛰어 오르내리고 우주에서 날아오는 운석을 맨주먹으로 날려버리기까지 한다.

헐크의 힘은 주먹뿐만 아니라 특별한 재생능력에서도 볼 수 있다. 아무리 총을 맞아도 심지어는 화상을 입거나 폭탄이 터져 팔, 다리가 부러져도 녹색 괴물 헐크는 바로 회복한다. 이런 점들이 헐크를 독보적인 괴력의 소유자로 만드는 이유다.

부르스 베너 박사에게서 이렇게 막강한 헐크를 불러내는 원동력은 무엇일까? 그것은 바로 '분노'다.

헐크의 초창기 만화시리즈에는 헐크의 분노 강도에 따라 '회색 헐크'에서 녹색 헐크가 되는 과정이 나온다.

어릴 때 헐크를 보고 자란 세대라면 이런 말을 들어 본 적이 있을 것이다.

'선생님 화가 나셔서는 완전 헐크처럼 변했어', '우리 형은 화나면 헐크가 돼!'

헐크는 고전 만화 코믹스나 영화에서뿐만 아니라 우리 안에도 늘 존재하고 있는 모습이다. 그만큼 인간의 감정 에너지 중 분노만큼이나 강력하고 무서운 에너지가 없기 때문이다.

그렇다면 사람의 감정은 어떻게 만들어지며 그중 분노는 어떻게 조절되는지 그리고 분노가 극에 도달할수록 왜 헐크처럼 사나워지는지, 과학적인 이유와 신체적 원리를 알아보자.

그 전에 헐크를 탄생시킨 감마선이 무엇인지 살펴보도록 하자.

헐크에게는 괴력의 시작이지만 생명체에게는 죽음의 빛-감마선

핵물리학자였던 브루스 베너는 자신이 만든 '감마폭탄' 실험을 하다 사고를 당하고 엄청난 양의 감마선에 노출되면서 자신의 또 다른 자아인 헐크가 된다.

신사적이고 얌전한 브루스를 무시무시한 녹색 괴물 헐크로 만든 감마선의 위력은 어느 정도일까? 정말 감마선에 노출되면 유전자 변형이 일어나는 것일까?

감마선을 최초로 발견한 사람은 마리 퀴리의 스승이기도 했던 앙리 베크렐이었다. 그는 방사능 발견으로 1903년 퀴리 부부와 노벨물리학상을 공동 수상한다.

앙리 베크렐의 방사능 발견은 핵물리학이라는 새로운 분야를 탄생시켰다. 핵물리학은 현대의 핵에너지 발전과 신재생에너지인 핵융합 발전, 태양광 전지의 연구를 탄생시키는 데 초석이 된 분야다.

베크렐이 연구를 하던 19세기 초만 해도 아직 원자핵 속에 양성자와 중성자의 뚜렷한 윤곽조차 찾지 못하고 있던 시절이었다.

원자핵이 발견된 것도 베크렐이 노벨상을 탄 지 7년이 지난 1910년 러더퍼드에 의해서였다. 이후 한참이 지나서인 1932년 채드윅이 중성자를 발견하면서 현대의 원자 모델이 완성될 수 있었다.

그 시기에 베크렐은 빛을 쏘인 우라늄염에서 X-선과 같은 전자기파를 내보내는 것을 발견한다. 이것은 먼저 발견된 뢴트겐의 X-선과 (후에 명명됨)

다른 전자기파였으며 특별한 조치없이 자연적으로 방출되는 방사선인 감마선이었다.

베크렐의 발견은 또 다른 방사능 물질의 존재 가능성을 알게 해주었으며 제자였던 퀴리 부부에게 라듐과 플로늄을 발견하는 데 배경이 되었다.

감마선은 에너지가 높고 불안정한 상태(들뜬상태)에 있는 원자핵이 파동함수가 0인 가장 낮고 안정적인 에너지 상태(바닥상태)로 떨어질 때 방출하는 빛으로 전자기파 중 하나다.

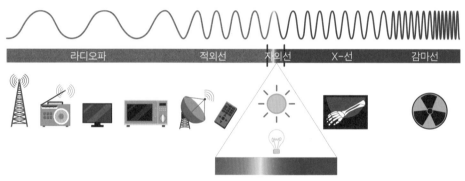

전자파의 파장.

방사성 물질에서 나오는 방사선의 일종이기도 한 감마선은 납판을 통과할 만큼 높은 투과율을 보이며 높은 에너지를 가지고 있다. 또한 전자기파 중 가장 짧은 파장을 가지고 있으며 그 다음으로 짧은 파장을 가지고 있는 X-선과 거의 비슷한 역할

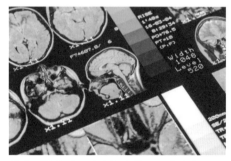

현대 의학에서는 뇌를 열지 않고도 감마선(감마나이프)을 이용해서 치료가 가능하다.

을 한다.

그래서 X−선보다 좀 더 강하게 투과해야 되는 곳에 사용되는데 주로 살균, 소독, 암 치료, 금속 내부탐지 등 의료, 공업용으로 사용된다.

감마선이 가지는 큰 특징 중 하나는 에너지가 강하다는 것이다. 감마선을 이용해 암세포를 죽이고 살균, 소독이 가능한 이유다.

물론 짧고 미세한 파장이어서 한두 번 노출된다고 큰 문제가 되는 것은 아니다.

그러나 감마선의 강한 에너지에 지속적으로 노출되었을 때가 문제다.

브루스 박사가 헐크가 된 것은 감마선에 의한 유전자 변형이다. 이 유전자 변형은 영화에서처럼 이상한 괴물이 되도록 유도할 수도 있겠지만 현실에서는 암을 유발하는 경우가 대부분이다.

만약 브루스 박사가 현실에 있었다면, 헐크가 되기 전 암으로 세상을 떠났을 확률이 훨씬 더 높다.

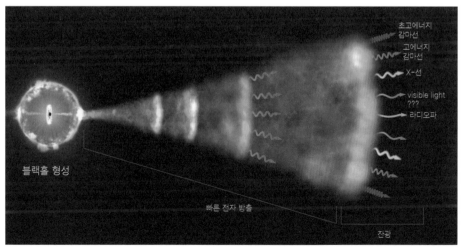

우주에서도 감마선을 관찰할 수 있다. 별의 중심핵이 붕괴되면서 블랙홀이 형성되고 감마선 폭발을 나타낸 이미지.

헐크의 또 다른 힘의 원천이 되는 과학 1 - 감정을 만드는 공장, 뇌

인간의 감정을 한 마디로 정의하기는 매우 어렵다.

심리학에서 '분노'는 욕망의 실현을 부정하거나 저지하는 것에 대해 저항하는 결과로 생기는 감정이라고 정의한다. 뿐만 아니라 상대방에게 거는 자신의 기대가 무시당했거나, 두려움, 불안, 좌절 부끄러움 등이 분노라는 다른 형태로 표현되는 경우도 많다.

그렇다면 우리의 뇌는 분노라는 감정을 어떻게 처리하고 있을까? 헐크처럼 감마선에 다량 노출되면 분노라는 감정을 담당하는 영역의 뇌가 활성화되는 것일까?

헐크가 분노에 휩싸이면 적인지 아군인지 판단을 하지 못하고 자신의 감정이 해소될 때까지 분노 에너지를 폭발시킨다. 웬만한 수퍼영웅들도 헐크를 제지할 수 없을 정도로 헐크의 분노는 감당하기 어렵다. 그만큼 분노라는 에너지는 몸을 활성화시키고 흥분시키며 열을 발생시킨다. 그런 면에서 적당한 스트레스는 오히려 몸의 순환과 활기에 도움을 준다고 말하는 과학자들도 있다.

인류는 주로 종교나 철학을 통해 마음의 실체에 대해 탐구를 해왔지만, 뇌에 관한 연구가 활발해지고 그 기능들이 밝혀지면서 인간의 마음에

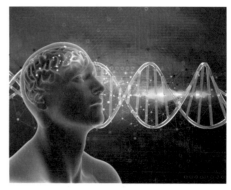

인간의 뇌는 여전히 미지의 영역이다.

영향을 주는 감정과 의식은 뇌의 영역이라는 것을 알게 되었다.

그래서 헐크 파워의 근원인 분노를 알기 위해서는 뇌를 이해해야 한다.

뇌는 그 역할에 따라 다양하게 나뉘지만 크게 세 가지 영역으로 나눌 수 있다. 첫 번째는 자율신경을 관장하는 간뇌에 해당하는 부분이다.

이곳은 우리 몸의 순환과 대사, 호흡, 심장박동, 체온 등을 관장하는 뇌로 일명 원초적 뇌라고 할 수 있다. 우리가 의식적으로 조절하고 제어할 수는 없지만, 생명과 직접 연관되는 일을 하므로 매우 핵심적인 뇌이다.

모든 감각의 중계소와 같은 역할을 하는 '시상'이 바로 이곳에 있다. 후각을 제외한 인간의 감각은 시상을 통해 '신피질'로 전달되며 시상을 거쳐 전달된 감각정보를 기초로 '신피질'의 추론과 사고가 이루어진다.

인간의 감정을 담당하는 부분은 '대뇌변연계'다. 일반적으로 대뇌변연계는 슬픔, 기쁨, 분노, 즐거움 등 다양한 기분과 감정의 변화를 관장하는 곳이다. 이곳에는 기억과 무의식에 관여하는 해마와 편도체가 있다.

갓 구운 빵 냄새를 맡는 순간 어릴 적 친구와 함께 빵을 먹으며 즐거웠던 기억이 떠오른 경험이 있다면 그것은 해마와 편도체의 합동작품으로 만들어진 감정이다.

그렇다면 뇌는 이러한 모든 과정을 어떻게 연결하고 통합할까? 그것은 뉴런이라는 신경세포에 답이 있다. 뉴런은 뇌를 비롯해 온몸에 연결되

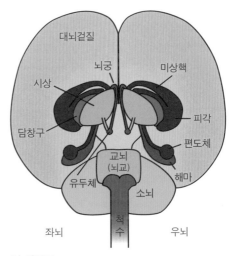

뇌 해부도.

어 있으며 서로 끊임없이 정보를 교환한다. 뇌와 신경세포 간 정보전달은 신경전달물질을 통해 이루어진다.

신경전달 물질도 우리의 감정을 결정짓는 중요한 매개체가 된다. 행복감을 주는 '세로토닌', 스트레스와 긴장, 불안을 일으키는 '코르티솔', 사랑의 감정을 북돋아 주는 '옥시토신', 기분을 좋게 하는 '도파민', 집중력을 높이는 '노르아드레날린' 등 다양한 신경전달물질이 뇌하수체를 비롯한 온몸에서 분비되어 우리의 감정을 지배한다.

결국 뇌 신경학적으로 감정은 뇌와 신체가 받아들이는 외부자극에 의한 호르몬 분비와 대뇌변연계에서 받아들이는 기억과 무의식에 대한 정보처리 과정에 의해 만들어지는 신체적 반응인 것이다.

이러한 관점에서 보자면 적절한 운동, 영양가 높은 식단, 긍정적인 생각 등의 인위적인 노력을 통해 신체 기능을 최적의 상태로 돌려놓으면 감정의 긍정적인 변화를 가져올 수 있다는 말이 된다.

마지막으로 '신피질'이다. 인간을 가장 인간답게 할 수 있는 고도의 창의력과 창조성이 발휘되는 곳이며 깊은 사색과 논리적인 생각은 '신피질'이 있기에 가능한 일이다.

'신피질'은 인간만이 고도로 발달한 특수한 뇌이다. 인간을 인간답게 하는 가장 큰 역할을 하는 부분이다. '신피질'은 간뇌와 대뇌변연계를 통해 받은 정보를 통해 추론하고 판단하여 다시 우리 몸에 명령을 내린다.

감정과 심리적 변화에 따라 신피질과 대뇌변연계가 반응하는 순서는 달라질 수 있다고 한다. 감정은 대뇌변연계로 대표되는 영역의 역할이 크지만, 감정만이 마음이라고 단정 지을 수가 없다.

지금까지 뇌의 각 영역이 하는 일을 알아보았다. 뇌의 각각의 영역은 독립적으로 나뉘어 일을 하는 것 같지만 실제로 모든 영역이 통합적으로 움직인다.

간뇌의 감각정보와 편도체와 해마의 무의식적이고 장기적인 기억과 신피질의 논리적인 사고가 통합적으로 움직여 만들어내는 종합예술인 셈이다.

헐크의 또 다른 힘의 원천이 되는 과학 2-아드레날린

부르스 베너 박사는 매우 침착하고 온순한 사람이다. 하지만 분노를 참지 못하고 헐크로 변하는 순간, 그를 막을 자는 없다.

이렇게 온순하고 침착한 부르스 박사가 헐크가 되는 과정을 의학적 측면에서 보자면, 아드레날린의 과다 분비 상태라고 할 수 있다.

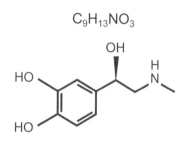

아드레날린 화학식.

우리가 흥분, 집중, 불안, 스트레스, 위기 등의 상태에 있을 때 분비되는 호르몬이 '아드레날린adrenalin'이다.

신장 위쪽에 위치한 부신수질adrenal medulla에서 혈액으로 분비되는 아드레날린은 신경전달물질이기도 하다. 뇌의 중추에서 전기자극에 의해 교감신경 말단에서 분비되어 근육에 자극을 전달한다.

적당한 아드레날린의 분비는 동공 확장

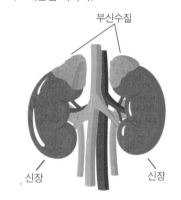

신장 위쪽에 위치한 부신수질.

과 심장박동을 증가시키며 혈당을 올리고 근육에 혈류를 증가시켜 몸에 활력을 불어넣어 준다. 이 뿐만 아니라, 위험한 상황에서 신체 에너지를 급속도로 높여 위험에 대응하게 하고 괴력을 발휘하게도 하며 냉철한 판단력이 필요하거나 절체절명의 위기를 극복하게 해주는 집중력을 요구할 때도 매우 유용한 호르몬이다.

아드레날린은 인간의 진화과정 속에서 매우 중요한 호르몬이라 할 수 있다. 위험에서 벗어나기 위한 도피와 대응은 생존과 직결되는 일이기 때문이다.

에피네프린^{epinephrine}이라고도 하는 아드레날린은 심장마비, 급성 천식이나 알레르기 발작, 호흡곤란, 과민성 쇼크(아낙필라시스 쇼크: 천식) 등에 효과적으로 사용되는 약물이기도 하다.

그러나 호르몬은 항상 이중적인 면이 있다. 아무리 좋은 호르몬도 지속적으로 분비되면 오히려 문제가 발생하게 된다.

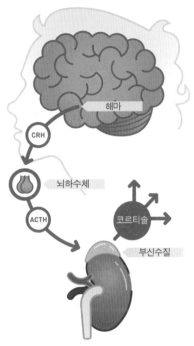

아드레날린 작용 과정.

아드레날린의 과다 분비는 불안, 소화장애, 심장질환, 불면증, 비만, 두통, 기억과 집중력 저하 등의 이상 증상을 일으킨다.

기분을 좋게 하는 천연 마약이 도파민이라면 천연 맹독이 아드레날린이다. 과도하고 반복된 스트레스로 인해 아드레날린이 지속적으로 분비되면 우리의 신체는 맹독에 공격을 받는 것과 같은 상태가 되어 죽음에 이를 수도 있다고 한다.

이처럼 아드레날린이 우리에게 미치는 영향을 이해한다면, 영화나 만화에서 그려지는 헐크의 분노가 얼마나 치명적인지 알게 될 것이다.

분노를 기반으로 괴력을 내는 헐크는 어쩌면 가장 고통스러운 수퍼영웅일지도 모르겠다.

스트레스 반응

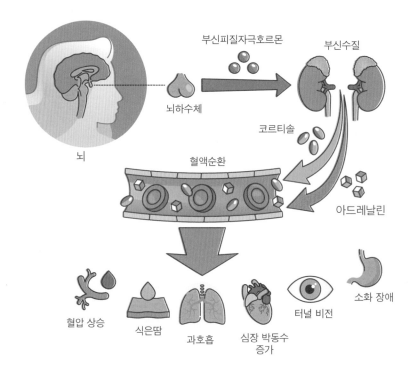

스트레스로 인한 신체 내부 반응.

분노를 기반으로 괴력을 내는 헐크를 좀 더 이해하기 위한 뇌 지식
-신경전달물질과 호르몬

우리의 감정을 지배하는 것은 무엇일까? 우리는 감정이 마음에서 나온다고 생각한다. 과연 그럴까? 아쉽게도 뇌과학자들은 감정은 호르몬에 의해 좌우된다고 한다.

즉 내 감정은 내 마음에서 나오는 것이 아닌 뇌나 신체 일부에서 분비되는 화학물질인 호르몬에 의해 조절되는 화학반응 같은 것이다.

이 화학반응을 조절하는 물질에는 크게 신경전달물질과 호르몬이 있다.

신경전달물질^{neurotransmitter}은 뇌를 비롯한 신체의 신경세포 간에 화학적 신호를 전달하기 위한 물질을 말한다.

1900년 초반까지만 해도 우리 몸의 신경세포는 실처럼 연결되어 정보를 주고받는 것으로 알려져 있었다.

하지만 직접 신경세포를 관찰한 과학자들은 오히려 신경세포 간에 공간이 있음을 발견하게 되었다.

신경세포가 엄청난 양의 정보를 어떻게 주고받는지를 밝혀낸 최초의 과학실험은 1921년 미국의 약리학자인 오토 뢰비^{Otto Loewi, 1873~1961} 박사의 '개구리 심장의 미주신경' 실험을 통해서였다.

이 실험을 통해 뢰비 박사는 신경세포의 정보 전달과정은 '신경전달물질'을 통해서 이루어진다는 것을 알아냈다.

신경전달물질은 신경세포 말단의 '소포체'에 저장되어 있다가 전기적 신호

를 통해 정보가 도착하면 소포체에
서 터져 나간다. 이렇게 터져 나간
'신경전달물질'은 다음 신경세포
의 세포막에 있는 수용체와 결합함
으로써 신경세포 간의 정보가 전달
된다.

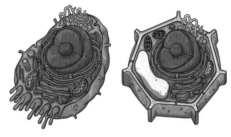

동물과 식물세포

소포체.

　대표적인 신경전달물질로는 행복
감을 주는 도파민^{Dopamine}, 천연 진통제 엔도르핀^{Endolphine}, 마음의 안정을 주는
세로토닌^{Serotonine}, 진정과 집중력을 주는 아세틸콜린^{Acetylcholine}, 스트레스를 줄
여주는 가바^{GABA} 등이 있다.

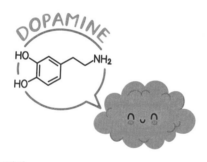

도파민.

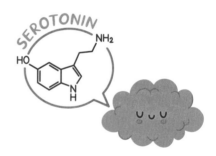

세로토닌.

　호르몬은 신체의 다양한 기능과 생리작용을 유지 시켜주는 중요한 화학물
질이다.

　뇌하수체, 갑상샘, 부신, 이자, 정소와 난소 등 내분비샘에서 혈액으로 직접
분비된다는 점이 신경전달물질과 다른 점이다.

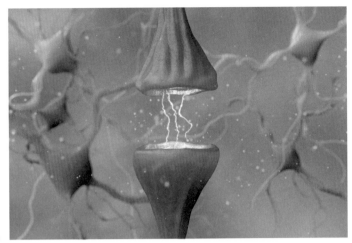

신경전달물질이 작용하
는 모습을 이미지화했다.

신경전달물질이 신경세포 사이에서만 신호를 전달한다면 호르몬은 혈액을
타고 온몸을 돌면서 호르몬의 표적이 되는 기관으로 들어가 그 기관에 필요
한 역할을 한다.

간뇌의 시상하부에 위치한 뇌하수체에서는 생장호르몬, 갑상샘 자극호르몬,
생식샘 자극호르몬, 항이뇨 호르몬이 분비된다.

성대 아래 나비 모양의 갑상샘에서 분비되는 호르몬인 티록신은 세포호흡
과 심장박동 등에 관여한다.

신장 위쪽에 위치한 부신에서 분비되는 호르몬인 아드레날린은 심장박동을
증가시키며 혈당을 증가시켜 에너지를 공급한다.

이자샘에서 분비되는 호르몬은 인슐린과 글루카곤이다. 인슐린은 혈당량을
감소시키고 반대로 글루카곤은 혈당량을 상승시킨다.

생식샘인 정소와 난소에서 분비되는 호르몬인 테스토스테론(남성)과 에스트
로젠(여성)은 남성과 여성의 2차 성징을 나타나게 하는 역할을 한다.

5

동양의 우주 철학과
과학이 만난 영웅

닥터 스트레인지

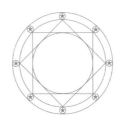

1990년 2월 14일! 머나먼 우주로의 여행을 앞두고, 보이저 1호는 예정에도 없었던 카메라 렌즈를 지구로 향한다.

그리고 수많은 별 사이 아주 작은 먼지처럼 반짝이는 지구 사진을 전송한다. 이 프로젝트를 주도했던 칼 세이건 박사는 지구를 '창백한 푸른 점Pale Blue Dot'이라고 칭했다.

이 사진은 인류가 처음으로 넓은 우주에서 얼마나 작고 하찮은 존재인지를

깨닫게 해주는 충격적이면서도 멋진 작품이 되었다.

여전히 인류에게 미지의 세계로 남아 있는 우주! 그러나 우리가 살고 있는 우주는 과연 현실일까? 그리고 단 하나밖에 없을까? 이런 질문을 시작으로 만들어진 영화가 있다.

그것은 바로 〈닥터 스트레인지〉다. 〈닥터 스트레인지〉는 대표적인 미국식 영웅주의를 표방하는 헐리우드 영화스럽지 않게 매우 심오한 동양 우주 철학과 최신 과학을 주제로 담고 있는 마블 시리즈 중 하나다.

자기애가 너무 강하고 성격 파탄자에 가까울 정도로 오만하나 실력으로는 세계 최고인 외과의사 닥터 스트레인지! 그는 자신의 이득만을 생각하고 철저히 눈에 보이는 물질세계만을 인정하는 물질만능주의자다.

하지만 어느 날, 우연히 일어난 자동차 사고로 모든 삶은 물거품이 되고 만다.

온 몸이 부서지는 대형 사고 속에서 간신히 목숨만 건진 닥터 스트레인지는 크게 절망한다. 특히 마비된 양손은 외과의사로서 쌓아 온 명성과 자존심을 완전히 망가뜨리는 절체절명의 위기를 안겨 준다.

수술을 하는 외과의사에게 손은 매우 중요하다.

이때 마법처럼 나타난 스승 에이션트 원은 닥터 스트레인지에게 새로운 세상에 눈을 뜨도록 한다.

그것은 눈에 보이는 물질계만을 철저하게 믿어왔던 닥터 스트레인지에게 물질을 뛰어넘어 존재하는 더 크고 넓은 에너지로 구성된 자아를 만나게 해주는 것이었다.

이 자아를 깨달은 닥터 스트레인지는 비로소 자신의 진정한 힘은 내면의 에너지 안에 있음을 인식하고 초인적 능력을 가진 수퍼영웅이 된다. 이렇게 또 한 명의 매우 독특하고도 심오한 마블시네마틱스의 수퍼영웅이 탄생하게 되었다.

닥터 스트레인지에 나오는 대사를 하나씩 따라가다 보면 양자역학, 멀티버스^{multiverse}(다중우주) 등 현대 최신 과학과 고대부터 내려오는 동양 사상들을 만날 수 있다.

여기에서는 동양적 우주관을 마법이라고 칭하고 있지만, 최신 현대 과학인 양자역학이 실험을 통해 증명해내고 있는 연구를 보면 동양철학의 우주관과 일맥상통하는 내용이 의외로 많다.

미래 어느 날, 우리의 과학이 물질 우주를 비롯한 보이지 않는 또 다른 우주의 비밀을 밝혀내게 될지는 아무도 모르는 일이다.

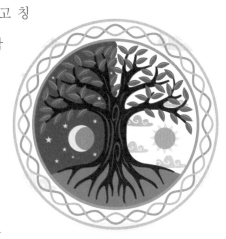

동양철학은 음과 양의 조화를 중요하게 본다.

닥터 스트레인지의 세계관을 이루는 과학-다중우주론

'세상은 보이는 것이 다가 아니다.' '생각은 현실을 창조하고 세상에는 느낄 수 없는 초의식의 나와 물질세계의 내가 있다.' '수많은 세상 중 하나 멀티버스 속에서 넌 누구일까?'

에이션트 원의 대사다. 정신을 집중하고 시각화하면 자신이 원하는 것을 실체화시킬 수 있음을 닥터 스트레인지에게 가르치는 장면이다.

이러한 사상은 동양 우주관에서 말하는 기, 차크라 등에 관한 내용이다. 동양에서는 우리의 오감으로 체험할 수 있는 물질 우주를 전부라고 보지 않았다.

❶ 물라다라(뿌리)
❷ 스와디스탄(골반)
❸ 마니 푸라(배꼽)
❹ 아나 아타(심장)
❺ 비슈닥(인후)
❻ 아나(눈)
❼ 사하스라라(정수리)

차크라.

일명 기 혹은 차크라라고 하는 에너지가 물질 우주의 본질이라고 보는 것이다. 양자역학적으로 표현하자면 물질은 입자이면서 에너지인 것이다.

닥터 스트레인지에서는 시간을 마음대로 조정하는 장면이 나온다. 악의 근원인 '도르마'에게서 평화를 되찾아온 것도 영원히 반복되는 시간 안에 가둬버리는 것이었다.

아인슈타인은 시간은 착각이라고 말했다. 3차원 물질계에 사는 우리에게 시간이라는 것이 착각이라는 말은 절대 경험할 수 없는 세계의 이야기처럼 들린다.

또한 닥터 스트레인지는 공간도 뛰어넘는다. 아인슈타인에 의하면 공간은 시간과 별개의 것이 아닌, 함께 얽혀 있는 시공간이다.

다시 말해, 닥터 스트레인지는 시공간을 마음대로 넘나들며 우리가 현재 체험 가능한 우주를 벗어나 다른 수많은 우주를 넘나든다.

정말 마법 같은 이야기다. 그런데 이 마법 같은 이야기가 과학자들 입에서 나온다면 어떨까?

사실 닐스 보어가 양자역학 이론을 코펜하겐 학파의 천재 과학자들과 만들어가고 있었을 때도 아인슈타인을 비롯한 수많은 물리학자들은 그들을 비난하고 조롱했다.

그러나 현재, 21세기 전자기술이 양자역학의 토대 위에서 발전할 수 있었다는 것을 모르는 학자는 없다.

닐스 보어.

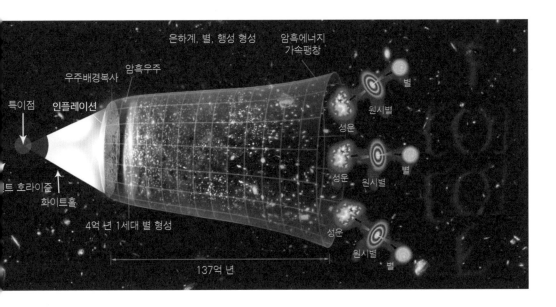

은하계, 별, 행성 형성
암흑에너지
가속팽창
우주배경복사
암흑우주
특이점
인플레이션
별
원시별
성운
성운
별
원시별
성운
원시별
별
트 호라이즌
화이트홀
4억 년 1세대 별 형성
137억 년

　다중우주론multiverse은 우리의 우주 이외도 다른 우주가 존재한다는 이론으로 매우 다양한 주장이 있으며 아직 증명된 이론은 아니다.

　그러나 M이론, 양자역학, 급팽창 이론, 암흑에너지 등 우주를 설명하는 이론을 뒷받침하는 데 매우 유용한 것으로 인정되고 있다.

　다중우주에 대한 논의는 현대에 들어와 처음으로 다루어진 것이 아니다. 힌두교, 불교뿐만 아니라 고대 그리스 철학자인 데모크리토스나 에피쿠로스도 다중우주에 대해 언급했다. 아이작 뉴턴도 '우리 것 이외에 다른 우주가 있었을 수 있다'라고 생각했다.

　많은 철학자와 과학자들이 다중우주에 대해 사유하고 언급하는 데는 물리학, 천문학, 수학의 발전과 더불어 인류가 우주를 바라보는 인식의 대전환이 큰 역할을 했다.

다중우주가 단순히 철학이나 상상력의 영역이라고 하기에는 수학과 과학적으로 풀어낼 수 있는 가능성이 높다고 주장하는 과학자들이 있다.

물론 다중우주론을 전혀 근거 없는 소설로 취급하며 반대하는 학자들도 있다. 하지만 인류가 처음으로 지구가 세상의 중심이 아닌, 태양의 주위를 도는 행성에 지나지 않음을 알게 되었을 때처럼 그리고 우리가 속한 태양계가 우리 은하 변방에 작은 영역이라는 것을 인식하게 되었을 때처럼, 처음은 받아들이기 어려웠지만 지금은 그 누구도 의심하지 않는 과학적 사실이 된 것과 같이 다중우주 또한 인식 대전환의 연속선상일지도 모른다.

다중우주에 대한 이론은 매우 다양하다. 여기에서는 미국 MIT 물리학과의 막스 테그마크 교수가 그의 논문 평행우주라는 논문에서 분류한 다중우주를 중심으로 정리해 보았다.

첫 번째는 제1단계 다중우주인 '누벼이은 다중우주'다. 누벼이은 다중우주는 우리가 관측 가능한 우주 범위 너머에 존재하는 또 다른 우주를 말한다.

우리가 관측 가능한 우주는 빛이 도달할 수 있는 영역까지의 우주를 말한다. 현재 과학으로 밝혀 낸 관측 가능한 우주의 반지름은 약 420억 광년이다.

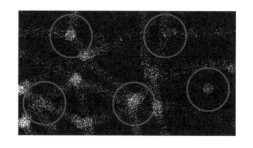

이 범위 밖에 있는 미지의 우주 공간은 관측 가능한 우주와 같은 물리법칙이 작용하여 우리와 같은 우주가 무한 반복되고 있는 구조라고 주장한다.

이것은 우리와 상태는 조금 다르지만 같은 물리법칙을 가진 도플갱어

누벼이은 다중우주.

Doppelgänger(분신, 복제) 우주가 무한하게 있다는 의미와도 같다.

두 번째, 2단계 다중우주인 '인플레이션 다중우주'다. 인플레이션 다중우주의 인플레이션은 팽창이라는 의미의 급팽창 이론Inflation Theory에서 왔다.

급팽창 이론은 1980년 미국의 이론물리학자인 앨런 구스Alan Harvey Guth가 주장한 이론으로 과학자들이 풀지 못했던 우주의 평탄성 문제flatness problem와 지평선 문제horizon problem를 해결했다.

평탄성 문제는 현재 관측된 우주가 평탄한 이유가 무엇이고, 지평선 문제는 왜 우주의 어디에서도 우주배경복사(우주최초로 방출한 빛이 남긴 온도 흔적)의 온도가 균일하게 같을 수 있는지에 대한 해답이었다.

급팽창 이론은 이 문제의

우주배경복사.

답을 우주 형성 초기의 한 시점에 순식간에 급팽창한 우주에서 찾았다.

우주의 빅뱅이 시작된 지 10^{-35}초에 우주가 2의 240배로 급팽창했기 때문에 구부러질 시간이 없이 평탄하게 펴질 수 있었으며 급팽창 전의 우주는 초고밀도 공간에 존재했기 때문에 정보를 공유할 수 있어 우주배경복사의 온도가 균일할 수 있었다는 설명이다.

인플레이션 다중우주는 급팽창 이론에 의해 우리가 관측 가능한 우주의 안과 관측할 수 없는 우주의 밖에서 급팽창이 발생할 수 있으며 그 원인은 우주의 빅뱅이 시작되기 전 양자 상태에 있던 초고밀도의 입자의 양자요동에 의해 발생한다고 한다.

양자요동이란 아무것도 존재하지 않는 공간에서 입자와 반입자의 쌍이 나타났다 사라지는 것을 말한다.

우주의 급팽창, 다시 말해 인플레이션이 양자요동의 균형을 깨면서 물질이 만들어지고 새로운 우주가 만들어진다는 생각이 제2단계 다중우주 이론이다.

물론 인플레이션 다중우주는 빛의 속도를 넘어선 관측 불가능한 우주이기에 증명할 수는 없다.

2단계 다중이론.

또한 인플레이션 다중우주는 1단계 누벼이은 다중우주와는 다르게 각각의 다중우주마다 다른 물리법칙이 적용된다는 점에서 차이가 있다.

보통 인플레이션 다중우주는 이 이론을 처음 제안한 미국 스텐퍼드대학 물리학 교수 안드레이 린데의 포도송이 모양과 테그마크 교수가 묘사한 빵 속

기포로 많이 표현된다.

세 번째로는, 제3단계 양자다중우주가 있다.

양자다중우주는 양자역학에서 출발한다. 양자의 파동함수인 슈뢰딩거 방정식은 시간에 따른 양자의 정보나 상태를 나타내는 방정식으로 그 해는 하나가 아닌, 여러 개로 나온다.

양자역학자들은 이 방정식의 해를 어떻게 결론 짓느냐에 따라 양자의 상태를 결정지을 수 있었다.

예를 들어 여기에 빵이 있다. 양자역학적으로 전자가 파동이면서 입자인 중첩 상태에 있는 것처럼 관측하기 전에는 내 앞에 있는 빵의 위치와 상태를 결정지을 수 없다.

이것은 슈뢰딩거 방정식의 해가 여러 개인 이유와 같다. 여러 개의 파동함수는 빵의 위치와 상태를 여러 개의 확률로 보여주고 있을 뿐이며 관찰자가 관측을 하는 동시에 방정식의 해가 하나로 정해진다.

$$\hat{H}|\psi_n(t)\rangle = i\hbar\frac{\partial}{\partial t}|\psi_n(t)\rangle$$

슈뢰딩거 방정식.

이것이 양자에 대한 코펜하겐학파의 해석이며 현재 주류의 해석이다. 그런데 이 해석에 반기를 든 학자가 있었다.

미국의 양자물리학자 휴 에버렛 3세[Huhg Everett III, 1930~1982]는 확률적으로 다양한 위치에 중첩상태로 존재하는 빵은 관측과 상관없이 모두 존재한다고 주장했다.

다시 말해 각각의 위치에 다른 세계가 존재하고 있다는 것으로 이것을 '다세계 해석'이라고 한다.

다세계 해석에 따라 빵은 여러 다중우주에 존재하며 인류는 그중 우리가 관찰 가능한 우주 안의 빵을 보고 있는 것일 뿐이다.

다세계 해석은 〈닥터 스트레인지〉의 에이션트원이 말한 우주론과 가장 일치하는 이론이다.

우리가 현실이라고 생각하는 것은 우리의 착각이며 수많은 현실 중에 하나이며 단지 내 마음이 관찰자로서 느끼는 에너지 즉 파동과 일치하는 주파수 영역에 머물고 있을 뿐이다. 내 마음의 에너지 파동을 조절할 수 있다면 다른 파동영역에 존재 가능한 것이다. 이것이 동양의 선수행자들이 말하는 에너지 법칙 중 하나이다.

네 번째로는 시뮬레이션 다중우주다. 이 이론은 테그 마크 교수가 주장한 것으로 추상적인 수학 속의 다중우주가 있다. 그래서 우주를 새롭게 창조할 수 있다는 다소 소설 같은 이야기다. 즉 우주가 컴퓨터 프로그램과 같다는 것이다.

하지만 과학자들은 이 소설 같은 주장을 흘려듣지 못한다. '만물은 수다'라고 주장했던 피타고라스의 말처럼 우주의 물리적 상태를 결정짓는 입자의 파동함수나 방정식 등은 수학으로 표현할 수 있는 물리적인 우주인 셈이다. 바꾸어 말하면 수학으로 증명되고 표현할 수 있는 입자가 있다면 이에 대응되는 물리적 우주를 만들어 낼 수도 있다는 것이다.

이것은 마치 컴퓨터 게임 프로그램 속 주인공이 자신이 숫자에 의해 프로그램된 존재라는 것을 인식하지 못하고 있는 것과 같다.

이밖에도 다중우주론은 끈이론에 기인한 주기적 다중우주, 랜드 스케이프 다중우주 등이 있다.

아직 다중우주론은 이렇다 할 만큼 확실하게 증명된 것은 없다. 그저 추론과 가설의 공간일 뿐이다.

〈닥터 스트레인지〉에서 다중우주가 보여주는 메시지는 인간은 관측 가능한 우리 우주와 지구에만 매여 있지 않은 존재라는 것이다.

과학으로 설명할 수는 없으나, 인간은 우리가 생각하는 것 이상으로 더 무한한 존재라는 것을 말해주고 있다.

닥터 스트레인지는 시공간을 초월하는 능력이 있다.

시공간을 뛰어넘는 닥터 스트레인지의 세계 속 기초 지식
-우주배경복사

1965년 미국 천체물리학자인 A.펜지어스와 R.윌슨은 우주배경복사^{cosmic} Background Radiation를 발견했다.

두 사람은 위성과의 교신을 위한 안테나에서 이상한 전파를 포착했다. 이 전파는 매우 특이했다. 전파의 파장은 약 7cm이며 온도는 −270였다.

그런데 더욱 특이한 점은 이 전파가 우주의 모든 방향에서 관측되고 있다는 점이었다.

이것은 1950년. 우주배경복사를 예측했던 러시아 출신 미국의 천문학자인 조지 가모프^{George Gamow}의 이론이 증명되는 놀라운 사건이었다.

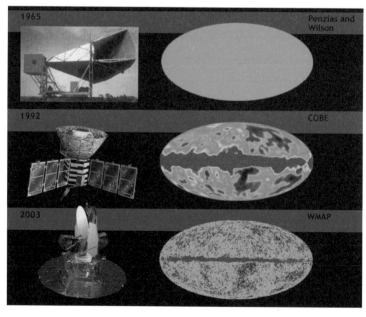

우주배경복사를 관찰한 우주망원경들과 그 결과물들.

우주가 대폭발로 시작되어 팽창하고 있다고 주장한 빅뱅이론의 창시자 중 한 명이었던 가모프는 우주가 대폭발을 할 때 발생한 엄청난 열에너지가 우주의 팽창과 함께 우주 여기저기 흩어져 있을 것이라고 예상했다.

그 뒤 우주배경복사가 발견됨으로써 빅뱅이론은 신뢰받은 우주 형성 이론으로 자리 잡게 되었다.

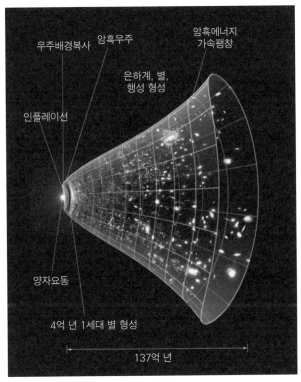

빅뱅이론을 함축적으로 나타낸 이미지.

이 이론에 따르면 우주가 팽창을 멈추지 않는 한 우주의 온도는 점점 내려가게 될 것이라는 추측이다. 그리고 바로 그 열에너지가 우주배경복사이다.

우주배경복사 연구는 우주의 탄생 비밀을 푸는데 매우 중요하다.

6

지구를 구하는
우리들의 영원한 영웅

수퍼맨

수퍼영웅하면 가장 먼저 떠오르는 캐릭터는 누굴까? 뭐니 뭐니 해도 수퍼맨일 것이다.

수퍼맨은 전설적인 수퍼영웅의 대명사로 원더우먼과 배트맨을 탄생시킨 미국 DC코믹스^{Detective comics}의 1938년 작품이다.

DC코믹스^{Detective comics}는 아이언맨, 스파이더맨, 헐크 등을 배출해낸 마블코믹스^{Marvel comics}와 미국의 만화시장을 이끌어온 양대 산맥이다.

마블코믹스의 수퍼영웅들이 어벤져스 시리즈로 대중에게 많은 사랑을 받는 동안, 수퍼맨은 독자적인 캐릭터로 오랜 인기를 끌고 있었다.

수퍼맨은 지구인이 아니라는 태생적 특별함에 전 우주의 법칙을 능가하는 초인적 힘까지 더해져 마블코믹스의 최고 괴력인 헐크나 신급인 토르마저도 함부로 대적하기 힘든 불사의 영웅이다.

수퍼맨의 초인적 능력을 몇 가지 살펴보면 다음과 같다.

첫째 외부에서 물리적으로 가해지는 힘으로부터 몸을 보호하는 '수퍼 아우라'가 있다. 총알이 수퍼맨을 뚫지 못하는 것도 이 수퍼 아우라의 보호 덕분이다.

두 번째, 우주의 법칙을 넘어서는 괴력과 비행속도다. 초창기에는 행성을 옮기고 재채기로 태양계를 날려버릴 만한 힘을 가진 것으로 설정되기도 했다.

수퍼맨의 힘이 얼마나 센지 잘 나타내주는 단편적인 장면이 있다. 〈수퍼맨 3〉에서 석탄을 두 손으로 눌러 다이아몬드를 만들어내는 장면이다.

다이아몬드는 모스굳기계의 최고 단계인 10인 광물로, 지구에서 가장 단단하며 탄소가 지구 내부의 엄청난 고압의 힘을 받아야만 탄생할 수 있다. 따라서 수퍼맨이 맨 손으로 석탄을 눌러 다이아몬드를 만들어 낸

다이아몬드.

다는 것은 지구의 압력에 해당하는 힘을 가졌다는 것을 보여주는 것이다.

또한 수퍼맨은 하늘과 우주를 초고속으로 날아다닐 수 있다. 수퍼맨의 빠르기는 음속을 넘어 빛보다 빠른 것으로 나오기도 하는데 이것은 어디까지나 만화적 상상력에 지나지 않는다. 우리가 관찰 가능한 우주에서 빛보다 빠른 것은 없기 때문이다.

세 번째, X-선 투시다. 모든 사물을 X-선으로 훤히 꿰뚫어 볼 수 있는 능력

을 지녔다. 2013년 개봉된 수퍼맨 시리즈 〈맨 오브 스틸^{Man of Steel}〉에서는 지구에 도착한 어린 칼엘(수퍼맨 본명)에게 초능력이 발현되면서 X-선 투시를 하듯 사람들의 몸 안이 샅샅이 보이는 것에 당황하기도 한다.

네 번째, 수퍼맨의 트레이드 마크인 히트비전^{Heat vision}이다. 히트비전은 수퍼맨의 눈에서 레이저처럼 곧게 뻗어 나가는 붉은 광선이다.

이 광선은 엄청난 열을 발생시켜 모든 물질을 녹여버릴 수 있으며 심지어 행성을 포함한 은하계도 박살내버릴 정도로 엄청난 위력을 지녔다.ㅡ이것도 어디까지 만화적 상상력이다.

노란 태양.

다섯 번째, 태양에너지 흡수다. 수퍼맨 힘의 근원은 태양이다. 특히 지구가 속한 태양계의 노란 태양은 수퍼맨에게 초인의 힘을 공급하는 영원한 배터리라고 할 수 있다.

그래서 힘이 약해진 수퍼맨이 직접 태양 근처로 날아가 태양에너지를 흡수하여 괴력을 다시 발산하는 장면들이 나오곤 한다.

이밖에도 초미세 소리까지 들을 수 있는 청력, 태양계를 날려버리는 수퍼브래쓰^{Super breath}와 모든 것을 얼려버리는 아이스브래쓰^{Ice breath}, 시간여행, 경험한 것을 완벽히 기억하는 수퍼 기억력과 계산력 등 수퍼맨의 능력은 수백 가지가 넘는 그야말로 완벽에 가까운 우주 최강의 초능력자다.

하지만 이렇게 완벽한 힘을 가진 수퍼맨도 약점은 있다. 대표적인 약점으로는 크립토나이트와 붉은 태양이다.

수퍼맨은 모든 것을 얼리고 녹일 수 있으며 빛보다 빠르고 괴력을 발휘할 수 있다.

붉은 태양과 크립토나이트는 완벽해 보이는 수퍼맨의 약점이다.

고향별인 크립톤의 물질인 크립토나이트와 고향 행성의 붉은 태양에 노출되면 수퍼맨의 힘도 사라진다.

이뿐만 아니라 마법이나 예민한 오감을 괴롭히는 것, 정신적 공격, 태양에너지 분리 등이 수퍼맨의 약점으로 작용한다.

이와 같은 약점이 있긴 하지만 수퍼맨의 초능력은 불로불사 완벽 그 자체이다.

배트맨이나 아이언맨처럼 과학의 힘으로 초인이 되어가는 노력형 영웅에 비하면 수퍼맨은 태생적 초능력 보유자인 금수저 영웅이라는 생각 때문일까?

실제로 너무나 완벽한 수퍼맨의 설정 때문에 한때 인기가 하락한 적도 있었다고 한다.

우리는 영화나 만화적 상상력을 순수한 눈으로 바라보아야 하지만 마음 한쪽 구석에서는 '그래도 이게 과학적으로 말이 돼?'라는 작은 이성의 외침을 덮어두기 싫은 것도 사실이다.

사실 수퍼맨의 능력을 과학적 시각으로 볼 때 모순되는 것이 더 많다. 그래서일까? 1938년 〈수퍼맨〉 만화의 맨 뒷장에는 수퍼맨 능력에 대한 과학적 가능성에 대해 개미와 메뚜기를 빗대어 설명한 챕터가 있다고 한다.

이것만 보더라도, 제작자들 또한 '이성의 외침'을 묵살하지 못했던 것은 아닐까?

우리의 영웅 수퍼맨을 탄생시킨 과학-중력과 신체 능력

수퍼영웅의 시초여서 그랬는지 아니면 너무 허황된 설정이라는 비난을 받는 게 두려웠던 것인지는 알 수 없으나, 초기 만화책의 뒷부분에는 수퍼맨이 어떻게 20층짜리 고층 건물을 밥 먹듯이 쉽게 뛰어 오르내릴 수 있는지 과학적 근거와 원리를 설명해 놓았다고 한다, 수퍼맨의 능력을 과학으로 이해시키려는 노력이었던 것 같다(이후 수퍼맨은 과학을 포기하고 모두 상상 속의 내용으로 바뀌어 갔지만).

1938년 초창기 수퍼맨은 20층 정도의 빌딩을 뛰어오를 수 있는 능력 정도를 구사하는 소박한 초능력자였다고 한다. 하늘을 나는 것은 이후 설정이다.

그래서인지 수퍼맨이 하늘을 날기 위해 취하는 트레이드마크와 같은 동작을 유심히 살펴보면 마치 땅에서 도움닫기를 하듯 자세를 살짝 구부렸다 두 손을 높이 하늘을 향해 올려 뛰어오르듯 날아오른다.

이것은 수퍼맨이 하늘을 나는 것이 아닌, 높이 뛰어오르려는 모습을 보여준다. 물리학적으로 이야기하자면 작용반작용의 원리를 이용하는 것이다.

뉴턴의 운동 제3법칙인 작용반작용의 법칙은 물체 A가 물체 B에 힘을 가하면, 힘을 받은 물체 B는 물체 A가 가한 힘과 방향은 반대이고 힘의 크기는 같은 반작용의 힘을 가한다는 법칙이다.

이 원리에 의해 수퍼맨이 지면에 가한 힘만큼 지구의 지면이 수퍼맨을 밀어 올리는 힘을 주게 되어 하늘 높이 뛰어 오를 수 있게 되는 것이다.

그렇다면 수퍼맨의 엄청난 높이뛰기 능력과 힘은 어디서 왔을까? 제작자들은 수퍼맨 힘의 원천인 우리 태양계의 노란 태양과 수퍼맨의 고향별과 비교해 상대적으로 약한 지구의 중력이 수퍼맨이 초능력을 발휘할 수 있는 가장 근본적인 이유라고 설명한다.

그중에서도 약한 중력은 수퍼맨이 높이 뛸 수 있는 이유 중 하나다.

수퍼맨의 고향 별, 크립톤은 지구와 환경이 많이 다르다. 가장 먼저, 중력의 차이가 엄청나다.

크립톤의 중력은 지구의 36배다. 이렇게 엄청난 중력은 크립톤인들의 신체 구조를 지구인에 비해 훨씬 더 크고 튼튼하며 강력하게 만들었다고 한다. 크립톤인의 모습은 지구인과 같지만 지구보다 더 강력한 중력을 이겨내기 위해 뼈와 신체의 모든 기능이 더 단단해진 것이다.

수퍼맨이 지구에 왔을 때, 수퍼맨에게 가해지는 지구의 중력은 $\frac{1}{36}$밖에 안된다. 이렇게 약해진 중력이 수퍼맨에게 엄청난 힘으로 작용하게 된 것이다.

우리가 지구 중력의 $\frac{1}{6}$밖에 안 되는 달에서 조금만 힘을 주어도 가볍에 날아 오르듯 높이뛰기를 할 수 있는 것처럼 자그마치 $\frac{1}{36}$의 중력을 가진 지구에서 수퍼맨은 조금만 힘을 주어도 충분히 20층짜리 건물을 뛰어오르고 내려올 수 있게 된다.

그러나 여기에도 과학적 모순이 있다. 중력이 약해지면 상대적으로 신체에 이상이 생긴다. 가장 큰 문제는 칼슘이 빠져나가고 근육이 약해진다는 것이다.

우주에서 장시간 머무르는 우주인들은 지구와 중력이 달라 신체에 이상이 생기는데 칼슘 부족도 그중 하나이다.

우주에 장시간 머무르는 우주인에게서 많이 나타나는 증상이 바로 칼슘 부족이다. 지상에 사는 사람들은 일정한 중력의 힘에 의해 모든 뼈와 장기가 제자리에 자리 잡고 서로 딱 붙어 있을 수 있다.

이와 달리 중력이 약하거나 무중력 상태의 우주선에서는 뼈와 뼈 사이에 가해지는 힘이 약해져 뼈가 늘어나고 장기와 몸이 부풀어 올라 붓는 증상이 발생한다. 또한 몸의 기능이 많이 떨어진다.

수퍼맨이 고향별과는 다른 환경인 지구에서 살면서 약한 지구 중력 덕분에 높이뛰기 선수가 될 수 있을지는 몰라도 상대적으로 튼튼한 신체구조는 허약해지며 체중은 증가하고 뼈마디가 약해져 수퍼맨이 아닌 수퍼 약골이 될 수 있다.

이뿐만 아니라 수퍼맨의 초감각들이 이상을 일으킬 수도 있다. 수퍼맨은 미세한 소리도 들을 수 있는 수퍼 청각의 소유자다.

중력은 우리 신체 중에서도 귓속 전정기관과 깊은 연관이 있다. 전정기관에 반고리관과 반고리관 주변의 이석은 중력과 잘 연계되어 우리 몸의 균형감각을 통제하는 역할을 한다.

만약 중력이 약해지거나 강해지면 전정기관의 기능이 원활하지 못해 운동 감각을 잃어버리게 된다. 중력이 약해진 지구에서 수퍼맨은 균형감각을 잃고 제대로 서 있을 수조차 없다.

또한 중력은 혈류와 혈압에도 영향을 미친다. 인간의 팔다리에 있는 정맥은 중력에 대항하여 심장으로 혈류를 보내기 위해 혈액의 역류를 막는 판막이라는 막을 가지고 있다.

그러나 머리에서 심장 쪽으로 흐르는 정맥에는 판막이 없다. 왜냐하면 중력에 의해 자연스럽게 혈액이 흐르기 때문이다.

그런데 중력이 약해지면 머리에서 심장으로 가는 혈액의 양이 줄어들거나 원활하지 못하게 된다. 상대적으로 머리 쪽으로 혈액이 몰려 혈압이 오른다.

아무리 수퍼맨이 초능력자라 해도 지구에 오는 순간 뇌졸증 혹은 심장마비가 발생할 수 있거나 최소 머리가 퉁퉁 부어오르는 증상이 발현될지도 모른다.

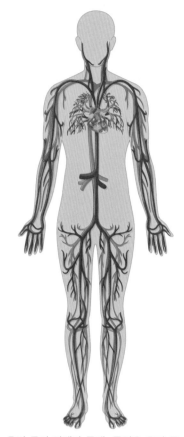

우리 몸의 정맥과 동맥: 중력은 우리 몸의 혈류와 혈압에도 영향을 주고 있다.

그렇게 된다면, 우리가 알고 있는 멋진 수퍼맨의 모습이 아닌, 우리가 늘 상상해오던 머리가 오징어처럼 부풀어 오르고 허리가 가는 전형적인 외계인 모습을 한 수퍼맨을 만나게 될지도 모른다.

또 하나 수퍼맨 힘의 원천인 노란 태양은 지구가 속해 있는 태양계가 매우 젊다는 것을 말해주고 있다. 크립톤의 붉은 태양은 나이가 노쇠한 적색거성으로 더 이상 수소를 재료로 핵융합하지 못한다.

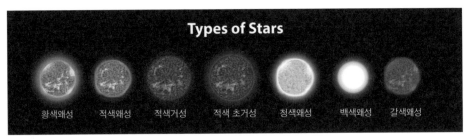

별의 단계.

상대적으로 젊고 활발한 우리 태양의 강력한 힘이 잠재해 있던 크립톤인들의 초능력을 끌어올리는 에너지의 원천이 된다는 설정이지만 과학적으로는 당연히 불가능한 일이다.

태양빛이 우리 인체에 미치는 영향은 매우 많고 중요하다. 적절한 태양빛은 비타민 D를 합성하고 당뇨병, 우울증, 골다공증의 예방과 면역력 증강에 도움을 준다.

그러나 수퍼맨처럼 직접 태양 근처에 날아가 태양의 방사선을 쬐어 에너지화할 수 있는 인간은 없다. 그게 가능하다면 그럴 수만 있다면 지구인들은 더이상 에너지 개발 필요성을 느끼지 못할 것이다. 몸에서 방출되는 히트비전 광선으로 모든 전기제품을 돌리고 자력으로 발전도 가능할 것이기 때문이다.

수퍼맨이 만들어지던 1938년은 제2차 세계대전이 발발한 1939년을 눈앞에 두고 있던 불안한 시기였다. 지구를 구하는 수퍼영웅 수퍼맨의 탄생에는 비록 외계에서 왔지만 지구의 불안을 없애고 평화롭고 아름다운 지구를 만들어 주었으면 하는 바람을 가득 담았던 것은 아닐까?

제2차 세계대전이 끝난 이후, 75년 동안 과학은 빛의 속도로 발전하였다. 그렇다면 미래에는 인류의 과학이 또 다른 수퍼맨을 만들 수도 있지 않을까?

수퍼맨의 고향 별을 통해 보는 우주-별의 일생과 적색거성

    별(항성)의 일생에서 수소를 연료로 하여 핵융합을 일으키는 주계열 상태에 있는 항성을 주계열성^{Main Sequence Star}이라고 한다. 우리 태양계의 태양도 주계열성에 속한 젊은 별이다.

    그러나 성간물질^{Interstellar Medium}에서 별이 태어날 때, 모두 주계열성이 되는 것은 아니다. 주계열성이 되기 위해서는 적절한 온도와 질량이 뒷받침 되어야 한다.

    질량이 너무 작으면 별(항성)이 되지 못하고 갈색왜성^{brown dwarf}이 된다.

    밤 하늘에 보이는 별의 대부분이 주계열성이라고 한다. 주계열성은 항성 내

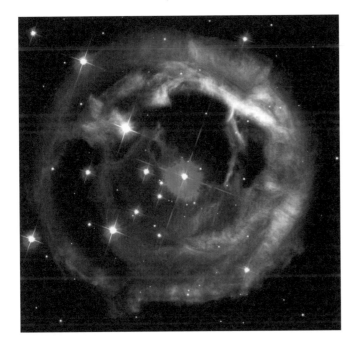

외뿔소자리 V838-지구에서 약 2만 광년 떨어진 외뿔소자리 V838은 2002년 큰 폭발이 있었다. 이 폭발은 별 연구에 많은 자료가 되어주었다.

부의 수소를 원료로 핵융합을 통해 에너지를 내며 수소가 소진되고 난 후 다른 형태의 별이 된다.

주계열성 이후 별은 질량에 따라 각각 다른 과정을 겪으며 죽음을 맞이한다.

수퍼맨의 고향인 크립톤의 태양은 붉은 태양이다. 붉은 태양은 적색거성일 확률이 높다 - 정확히 묘사되어 있지는 않은 듯하다. 적색거성은 태양의 일생 중 거의 생명을 다해가는 노년의 태양이다.

주계열성의 수소가 모두 헬륨으로 바뀌면 별의 내부와 외부의 압력 사이에 평형이 깨지면서 항성이 팽창하여 적색거성이 된다.

적색거성이 된 별은 시간이 지남에 따라 가스가 외부로 빠져나가 행성상 성운$^{planetary\ nebula}$이 되며 결국 중심핵만 남은 백색왜성$^{white\ dwarf}$이 된 후, 스스로를 태우며 천천히 소멸해 간다.

이와는 달리, 주계열성 중에 질량이 우리 태양의 10배 이상인 거대 질량의 별은 중심부에 무거운 철 성분만 남게 되는 적색 초거성$^{red\ supergiant}$이 된다.

별의 일생은 적색거성이 되느냐, 적색 초거성이 되느냐에 따라 운명이 엇갈리게 되는 것이다.

적색 초거성이 된 별은 초신성 폭발을 하게 된다. 초신성 폭발 이후에는 별의 질량에 따라 별 중심에 무거운 물질만 남은 중성자별$^{neutron\ star}$이 되거나 태양 질량의 30배 이상인 별들은 중력이 더 커지며 빛조차 빠져 나올 수 없는 거대한 블랙홀$^{black\ hole}$이 된다.

현대 과학자들이 예상하고 있는 우리 태양은 주계열성 단계를 지나고 있으며 앞으로 적색거성이 될 것이라고 한다. 우리 태양이 적색거성의 단계를 지

날 때면 팽창할 것이고
지구도 흡수할 것이다.
과학자들은 그 시기를
지금으로부터 약 50억
년 후로 예측하고 있다.

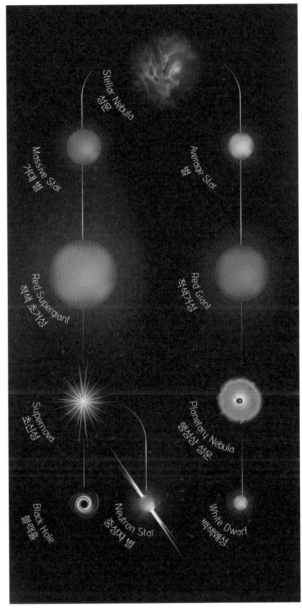

별의 일생.

7

제우스의 피를
이어받은 반신이자
여성 운동의 상징이
된 영웅

원더우먼

DC^{Detctive comics}코믹스에는 수퍼맨과 맞먹는
또 한 명의 초능력자가 있다. 바로 원더우먼이
다. 수퍼맨이 최초의 수퍼영웅이라면, 원더우먼은
전 세계적으로 인기를 끌었던 최초의 여성 수퍼영
웅 캐릭터라 할 수 있다.

원더우먼은 제2차 세계대전 중이었던 1941년
12월에 출판되어 수퍼맨과는 또 다른 매력으로 사
랑을 받았다.

2020년 12월에 개봉된 〈원더우먼1984〉에서

원더우먼은 여전사들이 사는 아마존의 최고 능력자이자 제우스의 피를 이어받은 반신으로 그려진다.

이런 원더우먼의 능력은 원더우먼 자체만으로도 엄청나서 불사에 가까운 수퍼맨을 제압할 수 있는 몇 안 되는 수퍼영웅 중 하나로 그려지고 있다.

원더우먼은 신으로부터 물려받은 자신의 힘을 쓰기보다 신들이 만든 무기들을 이용해 힘을 사용하는 일명 장비의 여신이다. 오히려 이 장비 때문에 원더우먼 자체의 능력과 힘은 가려지고 있을 정도로 멋진 장비들을 가지고 있다.

그렇다고 해서 원더우먼이 단순히 힘만 세고 장비 뒤에 숨어서 모든 것을 해결하는 무능력한 여성은 아니다.

원더우먼은 여성운동의 상징이 될 만큼 강인하고 매력적이며 능력 있는 모습으로 많은 페미니스트들에게 영감을 준 캐릭터였다.

실제 원더우먼의 원작자인 윌리엄 몰턴 마스턴^{William Moulton Marston}은 여성주의자였던 그의 아내 엘리자베스 홀러웨이 마스턴^{Elizabeth Holloway Marston}과 두 번째 아내 올리버 번의 생각을 캐릭터에 많이 반영시켰다고 한다.

처음부터 원더우먼은 원작자의 페미니즘^{feminism}(여성해방 이데올로기) 사상적 기반 아래 창조된 캐릭터라는 것이 일반적인 수퍼영웅을 그린 작품들과 구별되는 점이다.

또한 원작자인 윌리엄 M 마스턴이 만화가나 각본가가 아닌, 거짓말 탐지기를 발명한 심리학자라는 것도 원더우먼 탄생의 독특한 점이라고 할 수 있다.

원작자의 이러한 이력 때문인지 원더우먼을 상징하는 '진실의 올가미'는 인간의 정신과 심리를 제어하는 원더우먼의 대표적인 무기가 되었다.

신의 힘을 가진 원더우먼이 물리적인 힘을 쓰지 않고 진실의 올가미라는 심리적 무기로 상대방을 제압하는 것은 다분히 원작자의 심리학자적 의도가 반영된 것으로 보인다.

이밖에도 원더우먼을 대표하는 다양한 무기들은 현대과학으로 재현될 가능성이 높아 보이는 것들도 존재한다. 과연 그 무기들은 어떤 것이 있는지 과학의 눈으로 접근해보자.

원더우먼의 진실의 올가미에 걸리면 진실만을 말해야 고통에서 풀려날 수 있다.

제우스의 피를 이어받은 반신 원더우먼의 힘이 된 과학
-거짓말 탐지기

원더우먼은 제우스의 딸로, 타고난 신의 에너지를 가지고 있다.

하지만 그 에너지를 증폭시켜 주는 것은 그녀의 무기들이다. 그 어떤 수퍼 영웅보다 다양한 무기를 소유한 원더우먼! 속된 말로 그녀의 능력 대부분은 장비빨이라고 해도 과언이 아니다.

원더우먼이 여성이라는 이유 때문인지, 그녀의 무기들의 대부분은 몸에 장착한 액세서리들이다.

원더우먼의 대표적인 무기로는 진실만 말하게 해주는 '진실의 올가미'. 모든 물질을 막아내는 '굴복의 팔찌'와

원더우먼은 제우스의 딸이다.

'이지스의 방패', 원자 단위로 벨 수 있는 검 '갓 킬러', 부메랑처럼 사용하는 공격무기이자 통신장비인 '티아라', 이동수단인 '투명비행기', 하늘을 나는 '헤르메스의 신발', 수중에서도 숨을 쉬게 해주는 '마법의 귀고리' 등이 있다.

원더우먼의 무기는 너무 강력하고 완벽해서 맨 주먹으로 싸우는 수퍼맨이나 헐크는 원시적으로 느껴질 정도다. 심지어 최첨단 과학으로 탄생한 아이언

맨 슈트나 배트맨과 블랙 팬서의 다양한 무기를 다 합친다고 해도 원더우먼의 장비나 무기에 비하면 인간의 작은 노력에 불과하게 느껴질 뿐이다. 원더우먼의 무기는 올림포스의 신들이 만든 것이니 말이다.

올림푸스 신과 그들의 무기.

마블과 DC코믹스에 등장하는 모든 수퍼영웅들의 힘의 원천을 과학의 힘, 신의 힘, 마법의 힘으로 나누어 본다면 이 모든 요소를 다 갖춘 수퍼영웅은 원더우먼이다. 그녀의 무기 안에는 과학과 신화와 마법이 모두 존재하고 있기 때문이다.

그렇다면 원더우먼의 무기들 중 과학의 힘으로 가능한 것이 무엇일까?

첫 번째로 진실의 올가미다. 원더우먼을 상징하는 대표 무기인 진실의 올가미는 원작자가 거짓말 탐지기를 발명한 심리학자라는 면에서 과학적으로 이미 실현된 기계라고 할 수 있다.

원작에서 진실의 올가미는 그리스로마신화의 대장장이의 신 헤파이스토스가 대지의 여신 가이아의 황금 거들을 이용해 만들고 불과 화로의 여신 헤스티아의 능력이 더해져 절대 끊어지지 않는 최강의 무기가 된 것으로 설정되어 있다.

이 무기의 가장 큰 특징은 진실을 말해야만 올가미의 고통 속에서 풀려나올 수 있다는 것이다.

이것은 원작자 윌리엄 몰턴 마스턴이 자신이 만든 거짓말 탐지기를 모델로 설정한 무기로 상대방을 굴복시키는 가장 효과적인 방법은 물리적인 힘이 아닌, 공포라는 것을 잘 알고 있었던 것 같다.

거짓말 탐지기의 원리는 인간의 두려움과 공포를 이용하는 것으로 심리학적 연구의 산물이기 때문이다. 이런 거짓말 탐지기의 원리를 그대로 만화에 적용한 것은 윌리엄 교수가 얼마나 거짓말 탐지기에 대한 자신감이 있었는지를 말해주고 있다.

인간이 어떻게 공포와 스트레스를 느끼고 그것을 조절하기 위해서 어떤 신체 변화가 있는지를 알기 위해서는 뇌를 들여다보면 된다.

인간의 대뇌변연계에 있는 편도체^{amygdala}는 감정을 다루는 뇌의 기관 중 하나다. 특히 편도체는 공포에 대한 기억을 담당하고 있다.

거짓말이 알려지는 것에 대한 공포감이 편도체에 전달되

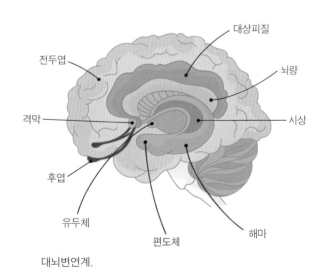

대뇌변연계.

면 편도체는 시상하부^{hypothalamus}에 신호를 보낸다.

공포를 감지한 시상하부는 연결된 자율신경계를 통해 교감신경을 자극한다. 인간의 교감신경$^{sympathetic\ neuron}$은 공포나 도망, 싸움 등과 연관된 위급한 상황에 반응하는 신경이다.

특히, 심장의 교감신경이 활성화되면 심장박동이 빨라지고 혈압이 오르게 된다. 윌리엄과 그의 아내 엘리자베스는 이러한 원리를 이용하여 최초로 혈압을 측정하여 거짓말의 유무를 판단하는 거짓말 탐지기를 고안해 낼 수 있었다. 이것이 최초의 폴리그래프^{polygraph}다.

원더우먼의 원작자는 거짓말 탐지기를 발명한 심리학자였다.

이후 폴리그래프는 혈압을 비롯한 안구와 근육의 활동, 호흡, 맥박, 땀분비. 체온 등 다양한 생리적 변화를 감지하여 기록하는 장치로 발전하였다.

현대는 폴리그래프뿐만 아니라, 뇌파의 변화를 감지하는 뇌파지문감식, FMRI(기능성자기공명뇌영상촬영법), 얼굴의 미세한 감정변화를 감지하는 바이브라이미지$^{Vibra\ image}$, 동공과 열화상 감지, 카테콜아민^{Catecholamine} 호르몬 증가 측정 등 인간의 미세한 신체적 변화를 다양한 관점에서 감지하여 정확도가 더 높은 거짓말 탐지기가 사용되고 있다(하지만 우리나라에서 거짓말 탐지기는 단독 증거로 인정되지는 않고 있다).

그리고 과학기술이 더 발전하고 정교해질수록 거짓말 탐지기는 원더우먼의 진실의 올가미에 더욱 다가가게 될 것이다.

두 번째는 굴복의 팔찌와 이지스의 방패다. 과연 모든 물질을 막아내는 방패가 있을까? 현대판 이지스의 방패라 할 수 있는 최첨단 물질로는 '그래핀 Graphene'을 들 수 있다.

꿈의 미래 신소재로 주목받고 있는 그래핀은 2004년 영국의 가임Andre Geim과 노보셀로프Konstantin Novoselov 연구팀에 의해 흑연에서 추출되었으며 이들은 이 발견으로 2010년 노벨 물리학상을 수상하였다.

신화 속에 등장하는 이지스의 방패는 제우스가 자신의 딸이자 전쟁의 여신 아테네에게 준 선물로, 대장장이의 신 헤파이스토스가 만들었다고 전해진다.

이 방패는 벼락도 뚫을 수 없을 만큼 단단한 방어력을 자랑한다. 이와 유사한 것을 찾아보면 현대 화학이 만들어낸 물질 중 그래핀을 들을 수 있다. 그래핀은 최강의 방어력을 가진 이지스의 방패가 될 수 있는 물질이다.

그래핀.

그래핀은 탄소가 육각형 벌집 모양으로 쌓여 있는 구조를 말한다.

흑연에서 추출한 그래핀은 강철의 약 200배 이상 단단하지만 대부분 빛을 통과시키기 때문에 투명하고 신축성이 매우 뛰어난 소재다.

그래핀이 주목받는 이유 중 하나는 가장 단단하면서도 아주 얇고 열과 전기의 전도율이 매우 높다는 것이다.

열전도성은 다이아몬드의 2배 이상이며 반도체에 쓰이는 실리콘에 비해 100배 이상 전자를 이동시킬 수 있다.

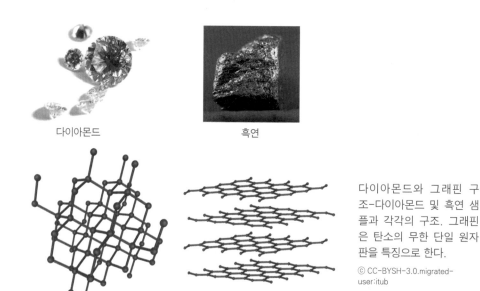

다이아몬드   흑연

다이아몬드와 그래핀 구조-다이아몬드 및 흑연 샘플과 각각의 구조. 그래핀은 탄소의 무한 단일 원자판을 특징으로 한다.

이런 장점 때문에 디스플레이나 2차 전지, 자동차나 비행기의 소재, 의류, 건축자재 등 그래핀이 응용될 수 있는 분야는 무궁무진하다. 그중에서도 특히 그래핀은 방탄복으로 아주 적합하다. 그 어떤 물질보다 얇고 가벼우면서도 강도가 매우 높은 소재기 때문이다.

따라서 그래핀을 실용화시킬 수 있다면 원더우먼의 굴복의 팔찌와 이지스의 방패, 황금 갑옷은 이제 더 이상 만화적 상상력이 아닌 현실이 될 수 있을 것이다.

세 번째로는 원자단위까지 벨 수 있는 검인 갓킬러다. 갓킬러는 원더우먼이 전쟁의 신 아레스를 죽이기 위해 제우스로부터 하사받은 검이다. 인간은 신을 죽일 수 없기 때문에 제우스의 피를 이어받은 원더우먼만이 아레스를 죽

검인-〉보경쌤

일 수 있다는 설정으로 탄생한 검이다. 하지만 실제로는 원자 단위까지 자를 수 있는 검은 존재하지 않는다. 그러나 나노 수준까지 볼 수 있는 원자현미경은 존재한다.

원자현미경은 광학현미경과 전자현미경의 뒤를 이어 만들어진 제3세대 현미경으로 원자단위까지 관찰 가능하다.

원자현미경의 원리는 크게 주사탐침현미경^{Scanning Probe Microscope}과 원자력현미경^{Atomic Force Microscope}으로 나눌 수 있다.

주사탐침현미경인 SPM은 나노 단위의 탐침을 관찰하고자 하는 시료 위에 접근시킨 후, 탐침과 시료 양쪽에 전기를 걸어 양자터널링^{Tunnel effect, Tunneling} 효과를 이용해 관찰하는 원리다.

이때 안정적인 전류를 흘려보내면 원자의 모양에 따라 탐침이 상하로 움직이게 되고 이것을 컴퓨터로 분석해 원자의 모양을 알아내는 방법이다.

원자력현미경인 AFM은 전기가 통하지 않는 시료를 관찰할 때 사용되는 현미경으로, 해상도는 부족해도 시료를 손상시키지 않는 장점이 있어 가장 널리 쓰인다고 한다.

원자현미경은 원자 단위를 단순히 관찰하는 것을 넘어, 원자의 위치를 옮기고 가공할 수 있는 단계까지 가능하다.

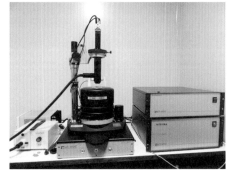
원자력현미경인 AFM.

이러한 원자현미경의 능력은 반도체 가공에 획기적으로 이용되고 있어 더 정밀한 반도체를 만들 수 있는 기술의 발전을 가져왔다.

이밖에도 AFM 현미경은 액체 속에서도 동작하며 DNA와 각종 단백질을 관찰할 수도 있어 생명과학에 큰 도움을 주고 있다.

원자현미경은 21세기 원더우먼의 갓킬러라고 해도 손색이 없다. 원자의 단계까지 관찰하고 가공할 수 있다면 머지않아 인류는 만물의 근원인 원자를 나누고 재배치하고 조합할 수 있게 될 것이기 때문이다. 진짜 신의 영역으로 들어가게 되는 것이다. 그리고 과연 이것이 기쁜 일이 될지 슬픈 일이 될 지는 아무도 모르는 일이다.

드론.

네 번째는 티아라다. 티아라는 원더우먼의 머리를 장식하고 있는 왕관으로 부메랑처럼 돌아오는 공격용 무기이자, 통신이 가능한 통신장비다.

티아라와 같이 자유자재로 움직이면서 공격과 통신이 이루어질 수 있는 현대의 무기로는 드론을 들 수 있다.

드론의 시작 또한 전투기의 연습용 타켓으로 만들어진 군용 기기였다. 하지만 현대 가정용과 일반용으로 급속히 퍼진 드론은 카메라와 통신 장비를 달고 성능이 향상되었으며 사람이 가기 힘든 곳이라도 어디든지 탐색하고 정찰하기도 한다.

원더우먼의 티아라는 공격과 통신이 가능하다.

드론은 양력을 이용한 4개~8개를 장착한 날개로 수직이착륙이 가능하며 비교적 장소에 구애 없이 날아다닐 수 있다는 장점이 있다.

원더우먼의 또 다른 과학 – 양자터널링 효과^{Tunnel effect, Tunneling}

공을 벽에 던진다. 공은 벽에 부딪히자마자 튕겨져 나온다. 그런데 공이 벽을 통과해 반대편으로 튕겨나갈 확률은 얼마나 될까? 아마도 그럴 확률은 절대 일어나지 않을 것이다.

하지만 이것이 양자의 세계라면 다른 결과가 나온다. 전자입자는 이 벽을 뚫고 반대편으로 튕겨나갈 수 있다.

공을 던지다.

이렇게 양자의 세계는 우리가 살고 있는 거시세계의 상식으로 생각하면 이해 불가능한 일이 많이 발생한다.

전자입자를 공이라고 하면 공을 던진 벽을 퍼텐셜 장벽^{potential barrier}이라고 한다. 퍼텐셜 장벽은 입자를 특정 공간에 가두어 놓는 에너지 장벽이다.

모든 물리적인 현상을 예측하고 설명 가능한 고전역학(뉴턴의 운동법칙을 기본으로 하는 역학)의 기준에서 볼 때, 입자는 입자의 에너지보다 높은 에너지를 가진 퍼텐셜 장벽을 뚫지 못한다.

그래서 공이 벽을 뚫지 못하는 것이다.

하지만 양자의 세계에서 전자의 입자는 전자의 에너지보다 훨씬 높은 퍼텐셜 장벽을 뚫고 이동을 할 수 있다. 이게 가능한 이유는 입자가 지닌 파동의 성질 때문이다.

양자의 세계에서는 전자가 입자이면서 파동인 성질을 가지고 있다. 전자 입자가 퍼텐션 장벽에 부딪힐 때 전자기파의 파동은 퍼텐션 장벽을 뚫고 장벽 바깥에 존재할 확률이 생긴다는 것이다.

실제 이것은 실험을 통해 검증 가능하며 터널효과를 응용하여 만든 것이 원자현미경이다.

8

고독한 영웅

배트맨

수퍼영웅은 어떤 모습을 하고 있어야 할까?

초능력 금수저 가문 출신에 신의 경지인 불사의 신체 능력으로 우리 앞에 펼쳐진 고통과 두려움을 한 방에 처리해주는 해결사? 어떠한 고통과 슬픔 속에서도 희망을 찾고 절대선을 추구하는 무결점의 존재이자, 언제 어디서든 우리의 부름에 달려오는 한없이 친절한 정의의 사도?

만약 이런 모습과 정반대인 수퍼영웅이 있다면 어떨까?

범죄의 피해자로 분노와 고통 속에 괴로워하며, 나약한 신체의 한계를 극복하고자 처절하게 노력하고, 스스로 공포를 불러내어 정의의 실현인지 개인적 복수인지가 의심스러운 원한을 한 가득 품고 사는 수퍼영웅!

　썩어버린 세상을 원망하고 멋진 웃음도 밝은 희망도 전하지 않으며 자신의 정체를 꽁꽁 숨긴 채 이중생활을 하는 수퍼영웅! 그가 바로 배트맨이다.

　마블에 아이언맨이 있다면, DC 코믹스^{Dectective comics}에는 배트맨이 있다. 배트맨은 1939년 발표된 이래, DC코믹스의 최고 흥행작이자 현재까지도 가장 인기 있는 작품이다.

　사실 발표된 연도와 인기를 누려온 역사를 보자면, '마블의 배트맨'이 아이언맨이라고 하는 게 맞을 것이다.

　아이언맨의 토니 스타크는 배트맨의 부르스 웨인과 닮은 점이 많다. 둘은 초능력자는 아니지만 엄청난 재력을 지닌 부자이며 천재다.

　또한 이 부와 두뇌를 기반으로 자신의 능력을 극대화하는 수트와 무기 등을 개발하고 초능력자에 버금가는 힘을 가지게 되었다.

수퍼영웅들은 세계를 구하고 있지만 배트맨은 고담 시에 한정해서 활약하고 있다.

이런 노력들은 초능력 금수저인 수퍼맨이나 원더우먼조차도 함부로 대적하기 어렵다. 그야말로 과학의 힘이 초자연적인 힘에 맞먹을 수 있다는 것을 배트맨과 아이언맨이 보여준 것이다(아직 현실 불가능한 것이 더 많기는 하다).

그럼에도 배트맨은 아이언맨과는 어딘지 모르게 다르다. 비록 배트맨의 활동무대가 고담 시라는 한정적인 지역에 머물고 있지만 배트맨의 세계관만큼은 넓고 깊다.

배트맨에게 이런 어둠과 철학적 이미지를 가져다준 것은 영화의 힘에 있다.

2005년 발표된 영화 〈배트맨 비긴즈〉에서는 배트맨의 영웅담보다 주인공 브루스 웨인의 인간적인 고통과 갈등에 초점을 맞추어 배트맨을 새롭게 해석했다.

이어 시리즈로 제작된 〈다크나이트(2008)〉에서는 배트맨을 인간의 심리와 내면을 탐색하게 만드는 심오하고 입체적인 캐릭터로 끌어올렸다.

여기에는 배트맨 최고의 숙적이자, 사이코패스 악당인 '조커'도 한몫했다. 조커는 배트맨의 무의식 속 공포와 분노를 건드리며 정신적 압박을 가했던 최악의 악당이다.

그럼에도 코믹스 최초로 악당을 주인공으로 하는 〈조커〉가 단일 작품으로 제작되면서 배트맨 이야기는 더 큰 확장성을 가지게 되었다.

조커는 배트맨에게 정신적 압박을 해오는 최악의 악당이다.

이 일은 대리만족형 수퍼영웅으로 가볍게 소비되는 만화 주인공 배트맨에서 배트맨만의 세계관을 가진 독보적인 영역을 구축하는 데 도움을 주었다.

결국 배트맨은 '다크 히어로Dark hero'라는 새로운 수퍼영웅의 아이콘을 만들어냈다.

배트맨의 이야기는 태생적 초능력자인 수퍼맨이나 신의 능력을 가진 원더우먼과는 결이 다르다.

1939년 발표된 초창기 만화 속 배트맨의 롤모델은 '셜록 홈즈'였다고 한다. 베트맨은 셜록 홈즈와 같은 뛰어난 두뇌로 고담 시의 빌런들을 지적이면서도 냉철하게 해치워 갔다.

배트맨이 지금의 암울하고 어두운 캐릭터를 가지게 된 배경은 경제대공황이라는 시대적 상황과 맞물려 있다.

경제대공항은 세계 역사상 가장 암울한 시기 중 하나이다. 실업자를 위한 무료 커피와 도넛을 받기 위해 줄을 선 사람들.

배트맨은 경제대공황 시기, 미국인들이 느꼈을 암울한 현실에 대한 불안과 근본적인 부패의 희생자이며 그로 인한 정신적 트라우마를 함께 공유할 수 있는 수퍼영웅이었다.

게다가 배트맨은 부조리한 현실을 바꿀 수 있는 실질적인 힘도 가지고 있었다.

수퍼맨(1938)이 현실을 잊게 하는 밝은 수퍼영웅이라면 배트맨(1939)은 현실에 발을 딛고 고통 속에서 일어난 수퍼영웅이었다.

사람들은 이런 배트맨의 모습에 감정이입을 하며 열광하게 되었고 수많은

마니아를 만들어 갔다.

배트맨의 상징인 박쥐는 브루스 웨인의 무의식에 잠들어 있는 분노와 공포를 의미한다.

박쥐는 관객에게도 배트맨에게도 심지어 악당 조커에게도 존재했으며 우리 모두가 똑같은 심리적 약자임을 말해준다.

브루스 웨인이 조커가 아닌 배트맨이 될 수 있었던 이유는 브루스 내면 깊은 동굴 속에 살고 있던 박쥐를 인정하고 마주 볼 수 있는 용기가 있었기 때문이다.

그래서 배트맨은 우리에게 특별한 수퍼영웅이 될 수 있었다.

고독한 배트맨이 고담 시를 지킬 수 있는 힘이 되어준 과학
-감정과 기억

인간에게 공포란 무엇일까? 오랜 진화적 관점에서 공포는 위험한 상황으로부터 우리를 지켜주는 강한 경험의 산물이다.

공포가 있었기에 인간은 위험을 감지하고 미리 피할 수 있었으며 생명을 지킬 수 있었다. 하지만 공포는 양날의 검처럼 우리 자신을 죽이는 심리적 압박으로 돌아오는 부작용을 낳기도 한다.

뇌과학과 신경의학이 발달하면서 기억과 감정의 메커니즘이 하나씩 밝혀지기 시작했다.

뇌는 크게 심장박동, 호흡, 혈압 등 인간의 생명을 관장하는 뇌간^{brainstem, 뇌줄기}과 몸의 균형과 운동에 관여하는 소뇌^{cerebellum}, 감정을 담당하며 감각 정보를 중계하는 간뇌^{사이뇌, diencephalon}, 이성적 판단과 사고를 가능하게 하는 대뇌^{cerebrum}로 나눌 수 있다.

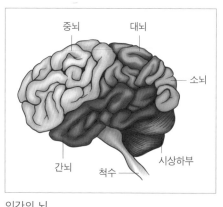

인간의 뇌.

이 영역들의 상호 협력을 통해 인간의 기억, 감정, 인지, 사고, 통찰, 운동, 신체 조절 등이 가능하다.

특히 감정을 다루는 영역은 간뇌에 있다. 간뇌는 대뇌와 뇌간 사이에 위치하며 시상과 시상하부로 구성되어 있다.

시상^{thalamus}은 간뇌의 약 80%를 차지하는 부분으로 좌우 하나씩 2개가 있으며 후각을 제외한 시각, 청각, 촉각, 미각 등 감각정보 및 운동조절, 수면, 의식 등을 조절하는 신경이 모이는 곳이다. 시상은 감각 정보가 대뇌로 이동하기 전 정보를 분류하는 일종의 중계소 역할을 한다.

이곳에 모인 감각 정보들은 적절히 조합된 후 대뇌의 각 감각 영역으로 전달되고 대뇌에서 내려진 명령 정보가 다시 시상을 거쳐 전달된다.

시상하부^{Hypothalamus}는 전체 뇌의 약 1% 정도의 아주 작은 부분이지만 자율신경계의 균형을 조절하고 뇌하수체의 호르몬 분비를 조절하는 매우 중요한 역할을 한다. 또 우리 몸의 항상성 유지와 체온, 갈증, 감정표현, 배고픔 등을 담당하는 역할도 한다.

간뇌에서 감정과 기억에 관여하는 부분은 시상의 전측시상$^{anterior\ group}$과 내측시상$^{medial\ group}$, 시상하부의 유두체$^{mammillary\ body}$다.

대뇌의 정서(감정)와 기억에 연관된 영역을 변연계$^{limbic\ system}$(둘레계통)라고 한다. 변연계에 속하는 뇌의 영역은 학자마다 의견이 나뉘기도 하지만 대뇌와 간뇌의 경계를 빙 둘러 있는 부분을 말한다. 변연계는 특정한 뇌의 해부학적 영역보다 기능적으로 묶인 부분이라 할 수 있다.

대뇌변연계는 진화적으로 신피질보다 앞서 형성된 영역으로, 주로 정서(감정)와 기억, 인지에 관여한다.

지구상의 생물 중 감정을 느끼는 동물은 인간과 개, 고양이 등의 포유류에게서만 찾아볼 수 있는 특징이다.

퇴근하는 주인을 보고 꼬리를 흔드는 강아지에게서, 골골송(고양이가 만족할 때 내는 소리)을 부르며 집사에게 몸을 비비는 고양이에게서 우리는 기쁨의 감정을 느낄 수 있다.

이런 감정표현은 악어나 도마뱀, 물고기 등과 같은 파충류나 어류의 뇌에서는 찾아볼 수 없는 영역이다.

그래서 대뇌변연계를 포유류의 뇌라고 부른다. 인간은 개나 고양이보다 더 정교하게 발달한 대뇌변연계와 그와 연결된 시상, 시상하부의 긴밀한 소통을 통해 매우 다채로운 감정을 느끼고 표현하며 기억할 수 있는 유일무이한 생명체로 진화했다.

이와 같이 기억과 감정을 담당하는 변연계의 중추적인 역할을 하는 곳이 해마와 편도체다.

해마는 언어와 의식, 쾌감에 대한 기억을 담당하는 영역이다.

해마는 모든 감각 정보를 수집해 단기기억으로 저장한다. 이후 대뇌신피질로 보내 장기기억으로 전환하거나 없앨 수 있게 하는 일종의 기억전환 단말기와 같다. 또한 공간에 대한 기억도 담당한다. 우리가 한번 간 길을 다시 찾아갈 수 있는 이유는 해마에서 유도된 장기기억을 바탕으로 가능한 것이다.

심한 간질로 해마를 절제한 환자는 수술 전까지 있었던 오래된 일은 기억하지만 수술 이후 발생한 사건은 기억하지 못하는 실제 사례도 있었다.

이런 사례를 통해 해마가 인간의 기억에 얼마나 중요한 역할을 하는지 알 수 있다.

인간에게 장기기억은 학습과 인지 부분에도 중요한 역할을 한다. 또한 장기기억은 위험이나 공포의 상황을 모면할 수 있는 경험적 바탕이 될 수 있다.

해마와 함께 대뇌변연계에서 기억에 관여하는 중요한 뇌 부위가 편도체^{Amygdala}다.

편도체는 아몬드 모양을 닮았다고 해서 아몬드를 나타내는 한자어 편도라는 이름이 붙었다.

편도체는 좌우 한 개씩 해마 옆에 붙어 있으며, 주로 본능적 공포와, 학습된 공포기억, 불안증, 고통 등 정서적 기억에 관여한다.

달리 말하자면 편도체는 해마가 수집한 기억 데이터에 감정이라는 라벨을 붙여 장기기억저장소에 차곡차곡 쌓아주는 역할을 하는 것이다. 특히 편도체는 공포와 연관된 감정적 기억에 반으며 학습능력이 떨어진다.

편도체는 크게 기저외측핵$^{basolateral\ nuclei}$, 피질내측핵$^{corticomedial\ nuclei}$, 중심핵$^{central\ nuclei}$으로 나뉘며 각 핵을 통해 다양한 감각정보를 받는다.

기저외측핵은 몸의 감각기관들로 들어온 정보가 지나는 곳으로 이 정보들은 다시 대뇌피질로 전달되어 감정적 경험을 만들어 낸다.

이 과정에서 유일하게 후각 정보만이 시상을 거치지 않고 곧바로 편도체의 피질내측핵을 통해 전달된다.

이렇게 편도체로 들어온 다양한 감각정보는 중심핵을 통해 시상하부로 전달된다. 시상하부는 자율신경계와 연결되어 각종 스트레스 호르몬을 분비하게 하며 신체적 반응을 이끌어낸다.

우리가 뱀을 보는 순간 본능적으로 공포에 휩쌓여 심장이 뛰고 호흡과 맥막이 빨라지며 도망을 가게 되는 현상은 편도체와 자율신경계의 협력으로 만들어진 회피본능이다.

편도체와 해마의 역할을 통해 우리는 배트맨을 괴롭혔던 공포의 작용원리를 과학적으로 이해할 수 있다.

배트맨에게 박쥐는 공포 그 자체였다. 왜일까? 보통 사람들에게 박쥐는 배트맨만큼 격한 공포의 대상은 아니다.

주인공 브루스 웨인은 박쥐를 볼 때마다 왜 공포를 느끼는지 처음엔 알지 못한다. 이유는 그의 해마에 박쥐와 연관되었던 어린 시절의 기억이 정확히 남아 있지 않았기 때문이다.

배트맨 브루스 웨인에게 박쥐는 공포의 대상이었다.

하지만 편도체는 다르다. 발달적인 측면에서 해마가 형성되는 3~4세 이전에 편도체는 이미 형성되어 있다.

만약 5세 이전 강아지에 대한 공포스런 경험이 있었다면, 그 시기의 정확한 사건은 기억에서 사라져도 그 당시 느꼈던 감정은 편도체 깊숙한 곳에 남아 있게 된다. 이 공포는 성인이 되어서도 사라지지 않고 강아지를 볼 때마다 이유 없는 두려움을 느끼게 되는 것이다.

브루스 웨인 역시 어린 시절 박쥐에 대한 공포의 기억이 편도체에 저장되어 오랜 시절 그를 괴롭히고 있었던 것이다.

영화 〈배트맨 비긴즈(2005)〉에서 브루스 웨인은 우연히 집안으로 날아 들어온 박쥐 한 마리를 보고 어릴 때 추락했던 박쥐 동굴을 기억해 낸다. 그리고는 다시 박쥐 동굴을 찾아 들어간다. 이 장면은 심리적으로 상징하는 바가 매우 크다.

그가 들어간 동굴이 바로 편도체 속 무의식의 세계를 빗대어 표현한 것이다. 브루스가 동굴로 다시 들어간 이유는 무의식 속에 숨어 있던 공포의 실체와 마주하기 위해서였다.

그곳에서 브루스 웨인은 자신을 괴롭혀 오던 박쥐떼와 다시 맞닥뜨리게 되고 그것을 수용함으로써 공포를 극복하게 된다.

배트맨 스토리가 우리의 마음을 끄는 이유가 여기에 있다. 진정한 용자

박쥐는 주로 밤에 활동하기 때문에 더 사람들에게 공포의 상징처럼 여겨진다.

는 밖에 있는 적이 아닌 자신 내면의 두려움을 수용할 수 있는 용기가 있어야 한다.

결국 자신의 트라우마와 마주한 브루스 웨인은 진정한 우리의 수퍼영웅 배트맨으로 거듭날 수 있게 되었다.

배트맨의 과학적 무기-배트카

배트맨하면 떠오르는 최고의 아이템은 뭐니뭐니 해도 '배트카'라고 불리는 자동차다.

배트카는 배트맨의 또 다른 '자아'라고 여겨도 될 만큼 상징성이 크다.

영화를 감상하는 재미 중 하나로는 매번, 새로운 〈배트맨 시리즈〉에 맞춰 다양한 버전으로 업그레이드되는 배트카를 보는 즐거움도 빼놓을 수 없다.

업그레이드되는 배트카는 영화를 보는 즐거움 중 하나다.

영화 〈배트맨〉이 개봉될 때마다 배트카의 디자인, 재원, 성능이 철저하게 비밀에 부쳐지는 이유도 현 시점에서 구현 가능한 세계 최고 성능의 자동차 기술을 미리 만나볼 수 있을 뿐만 아니라 창의적인 자동차 디자인을 감상할 수 있기 때문이다.

배트카의 다양한 기능 중에서도 특히 주목할 만한 매력은 마치 사람처럼 알아서 움직이는 자율주행모드다.

지금은 자율주행차가 현실이 되어가고 있지만 배트맨이 세상에 나온 1939년부터 초창기에는 그야말로 상상 속에나 존재하는 꿈의 자동차였다.

배트맨이 등장한 지 80년이 흐른 지금까지도 여전히 완벽한 배트카를 구현해 내는 것은 어렵다. 그 정도로 자율주행 시스템은 쉽지 않은 기술이다

자율주행차를 스스로 움직이게 하는 시스템은 크게 3가지 기술이 필요하다. 먼저 주변 환경을 인지하는 기술, 인지 정보를 판단하는 기술, 판단된 정보를 기초로 자율주행차 스스로 수많은 장치를 제어할 수 있는 제어기술이다.

이 3가지의 기술 안에는 완성차, 인공지능, 빅데이터, 사물인터넷 등 수많은 세부기술이 들어가 있으며 또한 소프트웨어 프로그래머, 센서개발자, GPS. 인공지능전문가, 레이더엔지니어, 로봇공학자 등 다양한 분야의 전문가와 엔지니어가 필요하다.

자율주행차는 '4차 산업의 꽃'이라고 불릴 만큼 4차 산업의 핵심 기술들이 모두 집약되어 있는 하나의 거대한 시스템이다.

그렇다면 현재 자율주행차 기술은 어디까지 발전했을까? 자율주행 자동차 기술단계를 가늠할 수 있는 척도는 미국 도로교통안전국^{NHTSA}과 미국자동차공학회^{SAE}에서 제시하고 있는 2가지 기준이 있다.

미국 도로교통안전국은 자동차의 자율주행 가능 수준에 따라 총 5단계로 구분하였고 자동차공학회는 총 6단계로 구분하고 있다. 아직은 통합된 기준이 마련된 상태는 아니지만 의미하고 있는 기술적 내용은 거의 똑같다.

하지만 자율주행차의 의미를 인간의 개입 가능성이 있는 상태(도로교통안전국)까지 볼 것인지, 인간의 개입이 완전히 배제된 무인자동차(자동차공학회 SAE)까지 볼 것인지에 대한 관점의 차이가 있다.

미국 도로교통안전국 기준의 자율주행 레벨 총 5단계는 다음과 같다.

Level 0은 자율 주행 기능이 전혀 없는 일반 자동차를 의미한다.

Level 1은 한 가지 자동 제어기능만 적용되어 있는 단계로 운전의 모든 컨트롤은 운전자가 하며 자동차는 보조적인 역할만 하는 단계다. 이 단계의 기능들은 이미 상용화되어 있는 것이 많다. 정속주행장치[ACC], 차선 이탈 시 경보음, 자동 브레이크장치 등이 있다.

Level 2는 1단계에 해당하는 자동화 기능들이 두세 가지가 복합적으로 적용되어 있는 단계로 1단계의 정속 주행기능[advanced smart cruise control, ASCC]에 앞차가 브레이크를 밟으면 자동으로 속도를 줄였다가 다시 앞 차와의 간격이 벌어지면 속도를 내는 복합적인 자동 제어가 가능한 단계다. 여전히 2단계까지 운전 컨트롤은 사람이 하며 자동차는 보조적인 역할을 할 뿐이다. 이 단계에 해당하는 상용차는 테슬라의 오토파일럿시스템이 있다.

Level 3은 제한적 자율주행 단계로 운전 컨트롤의 대부분이 자동차가 하는 상태다. 자동차 스스로 도로 상황을 인지하고 판단하여 자율운행을 하는 단계로 사람은 이제 자동차에게 운전을 맡기고 편안한 잠을 자거나 드라마를 볼 수도 있다.

레벨3 단계에서는 자동차에 운전을 맡길 수 있다.

하지만 모든 것을 자동차에게 맡길 수 있는 단계는 아니다. 레벨3은 허가된 특정도로에서만 자율주행이 가능하며 긴급상황이나 돌발상황 혹은 자동차가 대처할 수 없는 상황에서는 경보음을 통해 운전자가 개입해야 한다. 현재 자율주행차를 선도하고 있는 구글이 3단계까지 다다른 것으로 알려져 있다.

Level 4는 주변 환경을 인지하고 스스로 판단하며 자동차의 모든 기능을 자동차 스스로가 자동제어 하는 완전 자율주행단계다. 레벨 4는 사람의 개입이 전혀 필요하지 않는 인류가 꿈꾸는 완전한 자율주행 자동차다.

여기까지는 미국 도로교통안전국이 기준으로 삼는 자율주행의 단계다. 도로교통안전국의 레벨 4는 운전자가 조작 가능한 시스템이 장착된 상태에서 자율주행이다. 하지만 미국 자동차공학회(SAE)는 레벨 4를 둘로 나누어 Level 5를 제시하고 있다.

레벨 4.

Level 5는 인간이 개입할 수 있는 핸들이나 조작가능한 시스템이 장착되지 않은 상태의 무인자동차 개념이다. 레벨 5에서는 인간은 더 이상 운전자driver가 아닌 탑승객passenger의 개념이다.

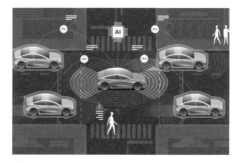
레벨 5.

그렇다면 자율주행차는 어떻게 주변 환경을 인지할 수 있을까? 여기에는 첨단 센싱기술인 라이다Light Detection And Ranging, LiDAR가 사용된다. 라이다는 레이저로 주변 물체를 감지해 지도를 제작mapping하는 센서다. 레이저 빛을 이용해 물체에서 반사되어

레벨 5.

온 시간(ToF방식)을 측정하거나 레이저 신호의 위상변화량를 감지하는(PS방식) 방식으로 자율주행차와 주변 물체 간의 거리를 측정한다.

라이다는 1960년대 레이저의 발전과 함께 성장하며 연구 발전했다. 1970

년대 이후 기상관측, 거리측정, 우주탐사. 항공 정밀지도, 탐사로봇 등 다양한 분야에 활용되고 있다. 현재는 자율주행차의 핵심 기술로 응용되며 매우 큰 관심을 받고 있는 분야다.

이밖에도 자율주행차에 탑재 되어 있는 주행환경 인지 장치로는 레이더^{Radar}, 카메라, 레이저스캐닝, 초음파 센서 등이 사용된다.

초음파 센서는 비용이 저렴한 장점이 있으며 인지거리가 짧아 가깝고 짧은 거리에 있는 사물을 인지할 때 유용하게 쓰인다. 하지만 날씨에 민감한 단점이 있다.

카메라는 비용이 적게 들며 유일하게 인간의 눈처럼 사물을 인지할 수 있고 색깔을 구별할 수 있다는 장점이 있다. 그러나 카메라 역시 날씨에 민감하며 빛이나 각도에 의해 식별이 불가능할 경우, 기술적 처리를 해야 하는 번거로움이 있다.

라이다와 가장 기술적으로 유사한 장치로 레이더가 있다. 레이더는 전자기파 중 하나인 라디오파를 이용하여 물체와의 거리를 감지할수 있는 센서로 단거리 감지에 취약한 라이다에 비해 탐지거리가 1m에서 수천km로 파장의 영역이 넓고 길다. 날씨상황에도 큰 영향을 받지 않는 편이다. 하지만 레이더^{Radar}는 해상도가 낮으며 공간분해능이 라이다에 비해 현저히 떨어져 거리가 멀리 떨어진 물체일수록 물체를 섬세하게 분석하기 힘들다.

자율주행차의 레이더는 물체의 거리를 인식할 뿐 물체의 자세한 모양이나 형체를 파악하기가 어려워 카메라와 함께 사용된다. 이에 비해 빛을 이용하는 라이다의 고성능 적외선^{Infrared} 공간 분해능은 0.1° 단위까지 나눌 수 있어 특별한 처리 없이 물체들을 3D로 묘사할 수 있다는 장점이 있다.

공간분해능은 디지털 이미지가 얼마나 선명하고 세밀하게 표현되는지를 나타내는 것으로 모니터의 해상도를 떠올리면 쉽게 이해할 수 있다.

라이다의 단점은 매우 고가라는 데 있다.

라이다를 탑재하여 주변인지 센서로 사용하는 회사는 구글이 대표적이다. 구글은 라이다를 자체 개발하여 비용을 기존의 $\frac{1}{3}$로 낮추며 개발에 힘쓰고 있다. 우리나라에서도 저가 라이다를 위한 기술개발을 추진하며 자율주행차의 꿈을 실현시켜나가고 있다.

배트맨의 트라우마 박쥐에 대한 고찰

박쥐는 포유류 중 유일하게 날아다니는 능력을 가진 동물이다. 초음파를 통해서 주변 사물을 인지하며 전 세계 숲이 있는 곳이라면, 거의 서식하고 있다.

박쥐의 시력은 거의 퇴화하여 잘 볼 수 없다. 낮에는 주로 동굴이나 나무 구멍 등에서 거꾸로 매달려 쉬며 밤에 활동하는 야행성이다.

박쥐는 약 1200종이 발견되었으며 지구상 곳곳에 서식하는 것으로 알려져 있다. 그중에서도 우리에게 가장 잘 알려진 박쥐 중 하나가 흡혈박쥐다. 흡혈박쥐는 잠자는 동물을 습격하여 피를 빨아 먹고 산다. 이런 박쥐의 이미지 때문에 대부분의 사람들은 박쥐를 무섭고 두려운 존재로 인식하며 인간에게 해를 끼치는 동물이라고 생각한다.

더구나 에볼라, 메르스, 사스에 이어 최근 코로나 바이러스COVID19의 감염 원인으로 추정되고 있어 더 혐오스런 동물로 낙인 찍혔다.

하지만 우리의 생각과는 달리, 박쥐는 지구와 인류에 많은 도움을 주는 동물이기도 하다. 바나나, 망

박쥐는 알고 보면 사람에게 이로운 동물이다.

고, 무화과 등의 식물이 열매를 맺도록 꽃가루를 운반해주며 야행성 곤충 중 95%는 인간과 작물에 해로운 해충인데 이를 잡아먹는다. 때문에 박쥐가 지구에서 사라지면 해충의 공격을 비롯해 여러 가지 문제가 발생해 인간의 삶

뿐만 아니라 지구 전체가 큰 영향을 받게 될 것이다.

현재 박쥐의 서식지는 인간의 밀림 파괴로 점점 줄어들고 있는 추세라고 한다. 해충의 위협과 식물의 성장에 큰 도움이 되는 박쥐의 역할을 생각한다면 이는 인류에게 위협이 될 수 있다. 따라서 서로 공생할 수 있는 방법을 찾아야 할 것이다.

9

미국의 힘을
전면에 내세운
영웅

캡틴 아메리카

'국뽕'이라는 단어가 있다. 맹목적인 애국심을 비꼰 말이다. 마블의 수퍼영웅 중에는 미국의 힘을 전면에 내세운 국뽕 수퍼영웅이 있다.

그가 바로 '캡틴 아메리카'다. 정의감과 인류애로 외계인

미국의 영토에 담긴 성조기.

에 맞서 지구를 지키겠다는 수퍼맨의 순수함과는 탄생부터 차이가 나는 캐릭터다.

〈캡틴 아메리카〉가 발표된 시기는 1941년으로 미국이 제2차 세계대전에 참전할 것인지 말 것인지를 두고 초미의 관심을 받고 있던 때였다.

초창기 캡틴 아메리카는 전 세계 공공의 적인 히틀러를 과감하게 응징하는 에피소드를 만들만큼 자신감 넘치는 정치적 만화였다.

또한 정치적 이슈를 전면에 꺼내기 힘들었던 수퍼맨이나 배트맨과는 달리, 세계를 구할 영웅은 곧 미국이라는 강한 자부심과 미국식 영웅주의를 상징하는 현실적인 캐릭터였다.

하지만 실사 영화 시리즈인 〈캡틴 아메리카: 퍼스트 어벤져(2011)〉와 〈윈터 솔져(2014)〉에서는 코믹스에서 보여준 초창기 이미지와는 사뭇 다른 스티브 로저스를 그리고 있다.

두 영화에서는 맹목적인 애국심만으로 똘똘 뭉친 마블의 최고령 마초꼰대 영웅의 이미지를 탈피해 진정한 정의란 무엇인가를 고민하는 리더의 모습을 보여준다.

우리가 알고 있는 어벤져스의 탄생은 마블의 전설 캡틴 아메리카의 고민으로부터 출발하게 된 것이나 다름없다.

국가에 충성하는 것을 최대의 목표로 삼았던 스티브가 방관하는 정부와 잘못된 신념으로 공권력을 남용하는 쉴드를 벗어나 어벤져스를 창설하게 되기까지의 과정이 두 편의 영화를 통해 소개된 것이다.

〈캡틴 아메리카: 시빌워(2016)〉에서 스티브 로저스는 '수퍼영웅 등록제'를 반대하며 아이언맨과 대립각을 세운다. 이유는 초능력자들의 자유로운 활동을 보장하고 공권력의 하수인이 되지 않기를 바라는 마음에서였다. 자유는 미국 건국의 핵심이념이며 캡틴 아메리카가 지켜야 할 중요한 신념이기도 하다.

캡틴 아메리카는 초창기 국뽕 만
화로 시작된 영웅이지만 어벤저스의
시작이자 마블 세계관의 중심축을
이루고 있는 전설임은 분명하다.

미국의 건국이념이자 핵심은 자유이다.

캡틴 아메리카의 힘의 근원을 만든 과학
-수퍼솔저를 만드는 수퍼 혈청

164cm, 43kg, 왜소한 신체를 가진 약골남 스티브 로저스! 성홍열과 류머티스 심지어 천식까지, 너무나 허약한 몸은 당당히 군대에 입대하겠다는 그의 꿈에 늘 걸림돌이었다.

선천적으로 약하게 타고난 신체 때문에 강인한 군인으로서는 불합격이었지만 애국심과 희생정신 하나는 누구 못지않았던 스티브다.

그에게 유일한 희망은 수퍼솔저로 거듭날 수 있는 '수퍼혈청'이었다. 그래서 스티브는 한치의 망설임도 없이 '수퍼솔저'의 실험 대상이 된다. 이것이 캡틴 아메리카 탄생의 시작이었다.

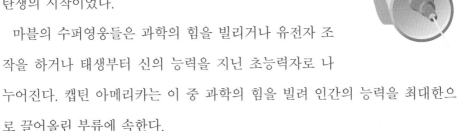

마블의 수퍼영웅들은 과학의 힘을 빌리거나 유전자 조작을 하거나 태생부터 신의 능력을 지닌 초능력자로 나누어진다. 캡틴 아메리카는 이 중 과학의 힘을 빌려 인간의 능력을 최대한으로 끌어올린 부류에 속한다.

정말 약물의 힘으로 인간의 한계를 넘어서는 수퍼 초능력자가 될 수 있을까?

정답은 '그런 약물은 아직 없다'이다. 물론 일시적으로 근육을 강화한다던가 피곤함을 모른다던가 기분을 최상으로 만들어주는 약물은 있다. 그러나 캡틴 아메리카처럼 70년이 지나도 인간의 한계치를 넘는 능력을 유지하게 해주면서 몸에 전혀 해롭지 않은 신비의 약물은 존재하지 않는다.

인류는 오래전부터 신체를 강화시키는 것에 많은 관심을 가져왔다. 강한 힘은 전쟁이나 자연의 위험으로부터 우리를 지켜낼 수 있는 방패막이었기 때문이다.

그래서 각종 식물의 뿌리, 줄기, 열매, 잎 등에서 추출한 다양한 형태의 약물 등을 이용하기도 했다.

현대에 와서는 발전한 의학과 화학 덕분에 힘을 강화하는 물질을 합성해 내기도 하는데 대표적인 것이 필로폰^{Philopon}이라고 부르는 '메스암페타민^{methamphetamine}'이다.

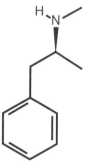

메스암페타민은 중추신경을 흥분시키는 강력한 각성제로 우리나라에서는 일명 '히로뽕'으로 알려져 있는 합성 화학물질이다.

우리나라에서 가장 많이 사용되고 있는 마약으로 강력한 법적

메스암페타민과 메스암페타민 구조식.

규제를 하고 있으며, 가지고 있는 것만으로도 처벌받을 수 있다.

메스암페타민은 행복 호르몬이라고 하는 도파민이 재흡수되는 것을 억제한다.

신경전달 물질 중 하나인 도파민은 주로 집중력과 의욕, 성취감, 흥분, 동기부여 등에 관여하는 호르몬이다.

메스암페타민은 도파민이 과도하게 분비되도록 유도한다. 도파민의 과도한 분비는 행복감을 극대화하여 피로감이 사라지고 두려움을 잊게 하며 고도의

집중력을 불러온다. 식욕이 저하되어 먹고 마시지 않아도 배고프지 않으며 잠을 자지 않아도 견딜 수 있다.

인간이 배고픔과 수면에서 벗어나서 두려움이 사라지게 되면 엄청난 힘을 발휘하게 된다. 그야말로 못할 것이 없는 초인이 될 수 있는 것이다.

그러나 여기에 함정이 있다. 우리 신체는 모든 기능이 서로 균형을 이루게 만들어져 있다. 우리 몸에서 도파민이 재흡수되지 않고 계속 분비되면 행복감이 영원할 것 같아도 현실은 비극적이다.

도파민이 과다분출되거나 멈추지 않으면 흥분이 과도해진다. 오히려 환각 증상과 강박증, 과대망상, 조현병 등의 증상이 발생한다.

이것은 메스암페타민이 우리 몸이 분비하는 기존 도파민보다 약 1000% 이상에 달하는 도파민 분비를 유도하기 때문이다.

현재는 메스암페타민은 마약으로 분류되어 복용을 금지하는 약물이지만 제2차 세계대전 당시, 공장 노동자들의 각성제로 사용되기도 했다.

이뿐만 아니라 나찌는 군인들에게 혹독한 전쟁터에서 피로감과 두려움을 없애고 고도의 집중력과 강한 힘을 낼 수 있도록 메스암페타민을 복용하게 했다고 한다.

실제 전장에서 병사들은 추위와 배고픔도 잊고 피로도 잊은 채 일반 병사의 몇배에 달하는 집중력과 전투 능력을 보여주었다고 한다. 인간 존

제2차 세계대전 당시 나치는 독일군에게 메스암페타민을 지급했다고 한다.

중 없이 약물을 이용해 수퍼솔저를 만들고 싶었던 슬픈 역사라고 할 수 있다.

영화 〈캡틴 아메리카: 퍼스트 어벤져〉에서 수퍼혈청이 처음 만들어진 곳이 독일로 설정되어 있는 이유가 설명되는 대목이다.

메스암페타민의 가장 무서운 점 중 하나는 강력한 중독성이다. 사람들은 약물의 힘으로 짧은 시간 동안 만끽한 강력한 행복감이 사라지게 되면 그에 상응한 강한 우울감을 경험하게 된다. 우울감의 골은 높은 행복감의 수치만큼 깊어진다.

이것을 벗어나기 위해 계속 메스암페타민을 투여하거나 흡입하게 되는데 이것이 중독으로 이어지는 것이다.

메스암페타민 중독 현상으로는 고열, 혈압상승, 경련, 발작, 환청, 환각 등의 증상이 나타나며 폭력적으로 변하기까지 한다. 심지어 심혈관계의 이상 증상으로 사망에 이를 수도 있다.

허약한 스티브가 수퍼혈청을 맞은 뒤 생긴 변화 중 또 하나 눈에 띄는 것이 있다면 키가 성장하고 근육남이 되었다는 것이다.

아주 빠른 시간에 근육량이 증가하고 인간을 능가할 정도로 강력해진다는 것이 가능한 일일까?

완벽하다고 할 순 없지만 어느 정도 근육의 힘을 강화할 수 있는 방법은 실재한다. 우리가 올림픽이나 각종 국제 스포츠 대회를 접할 때 도핑테스트에서 탈락한 선수의 이야기를 듣게 된다.

도핑테스트는 선수들이 경기력 향상을 위해 금지된 약물을 복용했는지 여부를 검사하는 테스트다. 이 테스트를 하는 이유는 근력을 순간적으로 강화시켜주거나 집중력을 향상시켜주는 약물이 존재하기 때문이다. 그 대표적인 약물 중 하나가 스테로이드steroid다.

스테로이드는 염증 반응 억제와 스트레스 해소 등 다양한 역할을 하는 호르몬으로 우리 몸의 생식기와 신장의 부신피질에서도 만들어진다.

우리 몸의 신호전달물질의 역할을 하는 유기화합물 중 하나인 스테로이드는 여러 가지 종류가 있으

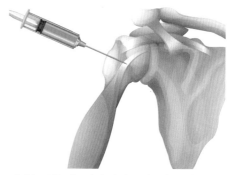

어깨 부상을 치료하기 위한 스테로이드 주입.

며 특히, 스포츠 선수들이 사용하는 스테로이드는 아나볼릭 스테로이드^{anabolic} ^{steroid}(단백동화 스테로이드)다.

원래는 선천적으로 남성 호르몬이 나오지 않는 환자를 치료하기 위한 목적으로 개발된 아나볼릭 스테로이드 약물은 허약체질 환자들에게 도움을 주기도 했다.

남성 호르몬과 유사한 아나볼릭 스테로이드는 단백질 합성을 촉진하여 근육을 빠르게 성장시키고 남성 호르몬인 테스토스테론^{testosterone}을 도와 기능을 향상시키는 역할도 한다.

이외에도 에너지 대사를 빠르게 하여 짧은 시간 동안 강한 에너지를 폭발시킨다.

그래서 보디빌더나 운동선수들에게 아나볼릭 스테로이드의 유혹은 강력하다. 2021년 도쿄 올림픽에서 브라질 여자 배구 선구가 복용한 약물도 아나볼릭 스테로이드인 오스타린이라고 한다.

하지만 모든 물질에는 부작용이 존재한다. 아나볼릭 스테로이드의 과다 복용은 남성의 정자수를 감소시키고 생식기능을 저하시킨다.

이유는 간단하다. 우리 몸은 외부에서 들어오는 스테로이드를 인지하면, 더 이상 호르몬을 만들어낼 필요성을 느끼지 못하고 퇴화해 가기 때문이다.

또 다른 아나볼릭 스테로이드의 부작용으로는 성장판을 일찍 닫히게 하며 심근경색, 뇌졸중 등의 뇌혈관성 질환과 심장마비가 높아질 확률이 있다. 실제로 갑작스럽게 사망한 육상선수들에게서 아나볼릭 스테로이드 약물이 검출된 사례도 적지 않다.

허약한 스티브 로저스를 단 시간에 근육남인 캡틴 아메리카로 만들 수 있는 가장 현실적인 수퍼혈청은 아마도 아나볼릭 스테로이드일 확률이 높을 것이다. 대신 남성성을 잃을 각오와 갑작스런 심장마비를 대비할 마음이 있다면 말이다.

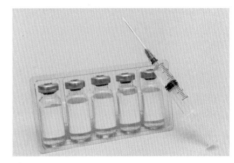

약물.

모든 약물에는 독과 약이 되는 두 가지 면이 있다. 이것을 극복하고 완벽하게 약이 되는 물질은 아직 지구상에 없다. 캡틴 아메리카를 만들어내는 '수퍼혈청'이 존재할 수 없는 것이다. 그러나 수퍼혈청을 만들겠다는 인간의 욕심은 계속 될 것이며 이는 새로운 약물과 의학적 발전을 불러올 것이다.

캡틴 아메리카에게 사용된 약물과 비슷한 약물
-EPO, 근육지구력 강화 약물

메스암페타민과 스테로이드 외에 근육의 힘을 강화하는 물질은 많다. 그 중에서 우리 몸에서 소량 합성되는 EPO라는 물질이 있다.

EPO^{erythropoietin}(에리스로포이에틴)는 주로 신장에서 만들어지며 피를 만드는 당 단백질 호르몬으로 적혈구 생산을 촉진한다.

우리가 오래 달리거나 가파른 산에 오르는 등 지속적인 지구력을 요구하는 운동을 할 때 혈액 속에 산소가 부족해지면, EPO가 증가하게 된다.

EPO가 증가하게 되면 혈액 내 적혈구 수가 증가하고 산소공급이 원활해지면서 신체 활동이 다시 활발해진다.

도핑테스트.

한때 EPO는 사이클, 육상, 수영 등 지구력을 요구하는 운동선수들이 사용했던 약물이기도 하다.

하지만 심장마비, 간염, 에이즈 등의 심각한 부작용으로 국제올림픽위원회 ^{IOC}는 1987년 처음으로 혈액 도핑에 금지된 약물로 지정했다.

혈액 도핑은 피를 수혈하거나 혈액을 통해 경기력을 향상 시켜주는 약물을 투여하는 것을 막기 위한 테스트이다.

올림픽 경기 종목들을 표현한 로고. 인간의 한계에 도전하고 그 노력과 정신을 높이 사는 스포츠 경기가 불법약물로 의미가 퇴색되지 않도록 도핑테스트와 같은 많은 장치가 마련되어 있다.

10

수퍼영웅들 중에서도
모든 것을 갖춘
사기캐릭터

블랙 팬서

마블과 DC코믹스의 수퍼영웅 중 하나의 캐릭터가 되어야 한다면 어떤 수퍼영웅을 선택하고 싶은가?

확고하게 지지하는 캐릭터가 있다면 몰라도, 골라 먹는 재미가 있는 아이스크림을 앞에 두고 기쁨에 들뜬 사람처럼 선택 장애를 일으킬지도 모른다.

하지만 기준은 만들어 볼 수 있다. 그 기준 중 하나는 힘의 원천이다. 수퍼영웅들의 초능력의 근원은 크게 과학의 힘과 초자연의 힘으로 나누어 볼 수 있다.

첨단 과학의 힘을 좋아한다면 아이언맨이나 배트맨을, 초자연적인 신의 능력을 원한다면 원더우먼이나 수퍼맨, 토르와 같은 부류를 선택하는 것이다.

헐크와 스파이더맨 또한 유전자 조작으로 초인이 된 것이니 과학의 힘을 빌린 것으로 볼 수 있다.

닥터 스트레인지처럼 마법의 힘을 사용하는 수퍼영웅은 과학과는 거리가 먼 초자연적인 부류에 넣을 수 있다.

하지만 힘의 근원을 떠나 마블과 DC코믹스의 모든 수퍼영웅들은 각자의 개성 있는 초능력만으로도 이미 충분히 매력적이다.

그럼에도 마블은 과학과 초자연의 힘, 양쪽 모두를 물려받은 수퍼영웅을 만들어냈다.

거기에다 천문학적인 재산과 뛰어난 두뇌, 인간을 뛰어넘는 신체능력, 인류를 사랑하는 따뜻한 마음까지…….

그가 바로 너무나 완벽해서 일명 사기캐(신조어로 상대적으로 강한 캐릭터를 지칭하는 사기캐릭터의 준말)라고 불러도 될 만큼 뛰어난 수퍼영웅 '블랙 팬서Black panther다.

이전까지만 해도 우리나라에는 잘 알려지지 않았던 캐릭터였던 블랙 팬서는 2018년 최초 단독 영화가 만들어졌다.

미국인들에게는 마블코믹스를 통해 이미 오래전부터 인지도가 있는 수퍼영웅이었던 블랙 팬서는 1966년 최초로 만화에 등장한 후 가장 성공한, 거의 최초의 흑인 수퍼영웅이었다.

1960년대 미국은 여전히 인종 차별로 고통 받고 있는 사회였으며 이런 시기에 흑인이 수퍼영웅이 된다는 것은 상상할 수 없던 일이었다.

하지만 마블은 이 상상을 뛰어넘어 최고의 능력을 가진 캐릭터를 흑인으로 설정하는 대담한 용기를 보였다.

이후 현재까지도 블랙 팬서는 흑인 인권운동의 상징적인 수퍼영웅이 되었다.

영화 제작에 있어서도 98%가 흑인 배우로 구성되었으며 이야기 또한, 가상의 아프리카 왕국 '와칸다'를 배경으로 하고 있다.

2018년 영화 〈블랙 팬서〉는 역대 마블코믹스의 그 어떤 소재보다 엄청난 인기몰이와 함께 흥행에 성공했다.

〈블랙 팬서〉의 흥행 성공은 남다른 징조를 보였다, 그것은 수퍼영웅물이 어린아이들이나 즐겨보는 오락용 영화를 넘어 하나의 장르로써 당당히 인정을 받고 있다는 징조였다.

그 결과물이 바로 아카데미상 수상이다. 블랙 팬서는 아카데미 의상, 미술, 음악 3개 부문을 석권하는 영광을 누렸다.

이뿐만 아니라 수퍼영웅 영화 최초로 아카데미 작품상 후보에 올라 재미와 작품성 모두를 인정받는 작품이 되었다.

블랙 팬서의 흥행 성공은 백인 중심의 영웅주의에 큰 일침을 놓는 획기적이며 상징적인 일이 되었다.

〈블랙 팬서〉는 마블 영화로는 최초로 아카데미 작품상에 오르며 작품성을 인정받았다.

지구는 백인들만의 것이 아니다. 지구인 모두가 지켜야 할 중요한 인류의 보물이다. 이제는 마블의 수퍼영웅들에게도 블랙 팬서와 더불어 동양인 동료도 필요할 때가 아닐까?

블랙 팬서는 어떤 과학의 힘을 빌려 수퍼영웅이 되었나
-희귀 물질 비브라늄의 성질을 담은 물질들

〈블랙 팬서〉에 등장하는 와칸다 왕국은 세계에서 가장 가난하고 잘 알려지지 않은 신비의 국가다.

그러나 실체는 그 반대다. 마블 세계에서 최고의 과학기술과 재력을 가진 나라로 묘사되고 있다.

와칸다가 이런 최고의 과학 기술과 재력을 가질 수 있는 이유는 지구상에서 거의 구할 수 없는 희귀 물질 '비브라늄Vibranium' 보유국이기 때문이다.

비브라늄은 마블 세계에 존재하는 3대 물질 중 하나로, 울버린 뼈에 합성된 아다만티움. 토르의 묠니르(망치) 재료인 우르 그리고 비브라늄이다.

특히 비브라늄은 캡틴 아메리카의 방패, 블랙 팬서의 슈트, 비브라늄으로 만든 안드로이드 비전의 원료이며 그 신비한 에너지는 수퍼영웅들의 힘의 원천이라 할 수 있다.

마블 세계에서 신의 물질 그 자체인 비브라늄은 지구상의 물질이 아닌, 외계에서 지구와 충돌한 운석으로 알려져 있다.

마블 세계에서 남극과 와칸다, 단 두 곳에만 존재하는 비브라늄은 강철보다 엄청나게 강하면서도 무게는 $\frac{1}{3}$ 밖에 되지 않는다.

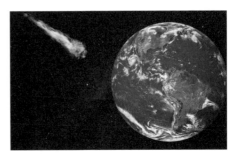

비브라늄은 외계 운석이다.

비브라늄의 가장 큰 특징은 전자기파, 음파 등을 비롯한 모든 에너지의 형태를 흡수해서 더 단단해진다는 것이다.

캡틴 아메리카의 방패가 그 어떤 공격에도 상처 하나 입지 않는 이유가 바로 비브라늄 합금으로 만들어졌기 때문이다.

블랙 팬서의 슈트는 비브라늄 그 자체다. 블랙 팬서야말로 지구상에서 가장 단단하고 가벼우면서도 그 어떤 물질도 뚫지 못하는 방탄 능력을 가진 최고의 슈트를 가졌다.

여기에 하나를 더해, 블랙 팬서의 슈트는 에너지를 흡수하는 것뿐만 아니라, 흡수한 에너지를 모아 다시 방출해 낼 수 있도록 특수 제작되었다. 이 외에 다양한 면에서 평가하자면, 마블 세계의 최고 능력자는 단연코 블랙 팬서가 아닐까 싶다.

와칸다의 왕이자 블랙 팬서인 티찰라는 천재적인 두뇌의 소유자로 과학지식과 다양한 언어에 능통하고 발명가이기도 하다. 그는 와칸다 5개 부족의 족장들과 맨몸으로 싸워 승리를 거둔 엄청난 신체 능력의 소유자이며 희귀 물질 비브라늄 매장국의 왕으로서 아이언맨도 대적하기 힘든 최고의 재력가이다. 심지어 티찰라는 와칸다 왕만이 먹을 수 있는 신비의 허브를 통해 흑표범의 여신 '바스트'의 초자연적인 힘까지도 물려받았다.

이 모든 것을 가능하게 한 것이 바로 비브라늄이라는 물질 때문이다.

비록 만화와 영화 속에 등장하는 가상의 물질이지만 비브라늄은 블랙 팬서와 와칸다 왕국에 부와 번영을 안겨주었다.

지구에도 이런 물질이 실제 존재한다면 어떨까? 지구인들도 와칸다와 같은 번영과 발전을 이룩할 수 있을까?

하지만 아쉽게도 비브라늄과 같은 물질은 현실에는 없다. 대신 비브라늄과 비슷한 성질을 가지고 지구인들의 문명 발전에 큰 역할을 했던 물질들은 존재한다.

그렇다면 우리의 삶을 좀 더 도약시켜줄 꿈의 물질인 지구의 비브라늄 후보들에는 무엇이 있는지 살펴보자.

첫 번째는 마그네슘^{Magnesium}이다. 원자번호 12번의 마그네슘(Mg)은 은백색으로 지구상에서 8번째로 많은 금속이다.

마그네슘이 비브라늄 후보로 오른 데는 매우 단단하면서도 가벼운 금속이라는 장점 때문이다.

마그네슘.

지각 무게의 약 2%에 해당하는 매우 풍부한 양이 있어 활용도 또한 매우 높으며 자연 상태에서는 화합물로 존재한다.

마그네슘은 바닷물에도 들어 있으며 금속으로는 마그네사이트^{magnesite}($MgCO_3$), 돌로마이트^{dolomite}(백운석, $CaCO_3 \cdot MgCO_3$) 등에 들어 있다.

금속 마그네슘은 주로 알루미늄과 합금을 통해 만들어지며 마그네슘 합금은 플라스틱처럼 가벼우면서도 강철과 같은 강도를 지닌다는 면에서 지구의 비브라늄이라고 할 수 있다.

또한 전기적으로나 열적으로도 성질이 뛰어나고 가공하기 쉬우며 전자파 차단 기능이 있다.

이런 장점 때문에 마그네슘 합금은 주로 자동차나 항공기 재료, 휴대용 가

전제품에 많이 사용된다. 이밖에도 변비약, 제산제 등의 의약품과 음료수 캔, 불꽃놀이, 조명탄, 사진기의 플래시 등에도 사용되고 있다.

두 번째는 타이타늄^{Titanium}이다. 아이언맨 슈트의 재질이기도 한 타이타늄은 원자번호 22번의 원소로 지각 무게의 약 0.63%를 차지하는 지구상에서 9번째로 많은 원소다.

타이타늄.

꿈의 신소재라 불리는 타이타늄은 같은 강도의 강철보다 약 44% 가벼우며 마그네슘보다 강하고 잘 녹슬지 않는 장점이 있다.

우주항공, 의료기기, 해양, 전자기기 등의 재료로 사용되며 가볍고 강하다는 면에서 지구의 비브라늄 후보로 생각해볼 수 있다.

이렇게 활용도가 높은 타이타늄은 매우 희소성이 있다는 면에서도 비브라늄과 비슷하다. 풍부한 매장량에 비해 가공 공정이 매우 까다로운 타이타늄은 미국 등 몇 나라에서만 생산되고 있어 부가가치가 매우 높은 물질이다. 우리나라는 2011년, 타이타늄 가공에 성공해 대중화의 길을 목표로 기술을 발전시키고 있다.

콜탄.

세 번째는 콜탄^{coltan}이다. 마블세계에서 와칸다 왕국은 외부와 고립되어 있는 나라다. 와칸다 왕국이 고립을 선택한 이유는 단 한 가지, 희귀 물질 비브라늄 때문이었다.

와칸다 왕국 사람들은 비브라늄이 와칸다의 번영을 가져다 준 만큼 전쟁과 혼란도 가져다 줄 것을 잘 알고 있었다. 그래서 세계 최빈국이라는 오명을 뒤집어쓰고서라도 철저하게 외부와 단절된 삶을 살게 된 것이다.

콜탄은 실제 비브라늄과 가장 흡사한 상황에 놓인 물질이다. 천연자원인 콜탄은 한때 별 가치 없는 검은 모래에 불과했다.

하지만 현대의 전기전자 문명은 전쟁을 불사할 정도로 콜탄의 가치를 치솟게 했다. 콜탄에서 추출되는 탄탈럼^{Tantalumms}은 우리가 사용하는 모든 전자기기의 회로 속 축전기(콘덴서 condenser)에 쓰이는 필수 물질이다.

우리가 사용하는 모든 전자기기의 회로 속 축전기에 쓰이는 필수 물질이 콜탄이다.

탄탈럼은 원자번호 73, 지각 무게의 약 0.00017%를 차지하며 지구상에서 50번째 많은 원소로 매우 희소성이 있다.

탄탈럼으로 제작한 축전기는 가격이 매우 비싸지만 크기가 작고 가벼우며 온도 안정성도 높다. 이와 같은 탄탈럼의 활용 가치는 매우 높아서 핸드폰, 게임기, 노트북. 자동차, 항공기 등 모든 전자기기 부품에 사용된다.

탄탈럼.

탄탈럼 합금은 강하고 부식이 없으며 높은 열에도 잘 견뎌 주로 항공기나 발전기 터빈 등을 만드는 데 이용된다.

이외도 탄탈럼은 인간 신체 적응력이 뛰어나 수술도구, 임플란트, 인공 뼈 등 다양한 분야에 활용되고 있다.

콜탄이 지구의 비브라늄의 후보에 오른 이유는 탄탈럼에 대한 활용가치뿐만 아니라 매장량에서도 비슷한 운명을 가지고 있기 때문이다.

비브라늄이 와칸다 왕국에 집중적으로 매장되어 있었듯 콜탄 또한 전 세계 콜탄의 약 80%가 아프리카의 콩고민주공화국에 집중적으로 매장되어 있다.

이것이 비극의 시작이었다. 전 세계의 스마트 기기 사용이 폭발적으로 증가하면서 콜탄의 수요도 점점 높아져 갔다. 하지만 콩고민주공화국은 와칸다와 같은 번영을 누리지 못했다. 또한 콜탄을 둘러싼 경쟁은 자연을 파괴하고 고릴라를 비롯한 동물들의 서식지를 사라지게 했다.

부를 선물할 것만 같았던 콜탄은 콩고 내전의 자금줄이 되면서 돈을 둘러싼 끊임없는 전쟁을 불러왔다. 그리고 콩고 원주민들은 콜탄 광산으로 끌려가 열악한 강제 노역에 시달리는 상황이 되었다. 안타깝게도 콩고는 국가의 번영이 아닌, '자원의 저주'에 빠지고 만 것이다.

네 번째는 이리듐Iridium이다. 이리듐은 원자번호 77번의 백금족 원소다. 이리듐은 약 6500만년 전 소행성 충돌에 의한 공룡멸종설의 중요한 증거이기도 하다.

이리듐은 지구 내부보다 운석에서 더 많이 발견돼 비브라늄처럼 외계에서 온 물질로 추정되고 있다. 또한 남아메리카와 알래스카에서만 발견되는 원소로, 매우 희귀성이 높은 물질이다.

이리듐은 반도체, 우주산업, X-선

이리듐.

망원경 등 다양한 분야에 사용된다.

다섯 번째 후보는 그래핀^{graphene}이다. 그래핀은 꿈의 나노물질로 불리며 현재 지구상에서 가장 얇고 가벼우며 튼튼한 물질이다. 탄소로 이루어진 그래핀은 흑연에서 추출했다.

흑연에서 추출한 그래핀은 벌집처럼 연결된 육각형의 탄소 원자가 층층이 겹을 이루고 있는 구조인 가장 얇은 막 하나를 말한다.

많은 과학자들은 이 얇은 막 하나가 미래 지구 문명을 완전히 뒤바꿔 놓을 것으로 기대하고 있다. 그래핀은 강철보다 무려 200배나 단단하지만 비교가 안 될 정도로 가볍고 심지어 탄성도 좋아 접히거나 말리기도 한다.

그래핀은 구리보다 열 전달률이 높으며 더 많이 전기를 흐르게 하고 반도체의 재료인 실리콘보다 더 빠르게 전류를 흘려보낼 수 있다. 게다가 빛을 98% 이상 투과시켜 투명하기까지 하다. 또한 부도체인 물질에 그래핀을 조금만이라도 섞으면 도체로 바꿀 수 있다.

그래핀.

그래핀의 이런 성질을 이용하여 만들 수 있는 제품들은 정말 상상을 초월한다. 돌돌 말아쓰는 스마트폰, 플라스틱 배터리, 전자파차단 자율주행차, 접어 넣는 컴퓨터, 전자종이, 얇은 방탄복 등이 그래핀을 통해 현실화될 수도 있다.

일상생활에서뿐만 아니라. 양자역학적으로도 그래핀은 매우 독특한 성질을 나타낸다. 전자는 그래핀에서 마치 빛처럼 움직이며 뚫지 못하는 벽이 없는 것처럼 독특한 터널링 현상도 보인다.

이렇게 모든 분야에 만능 물질인 그래핀은 전자기기, 배터리, 섬유산업, 의류, 반도체, 자동차, 의료 등 모든 산업에 활용도와 응용도가 높아 과학자들이 흥분을 멈추지 못하는 물질이기도 하다.

실제 그래핀을 수억 가닥 엮어야 머리카락 정도의 두께가 된다고 하니 얇고 가벼우면서도 에너지를 흡수하는 블랙 팬서의 슈트가 그래핀을 통해 현실화될 가능성은 시간문제일지도 모른다.

그래핀은 현실 세계의 비브라늄이라고 해도 과언이 아니지만 아쉽게도 아직까지는 실험실에서만 그래핀을 볼 수 있다. 그렇다. 그래핀의 가장 큰 문제는 대량생산이 어렵다는 것이다. 만약 그래핀의 상용화가 이루어질 수만 있다면 인류는 어떤 것이든 원하는 물질을 만들어 낼 수 있는 만능 치트키를 얻게 될 것이다.

블랙 팬서의 힘의 원천이자 가상의 원소 비브라늄처럼 현대사회를 움직이게 하는 필수 물질 -희토류

과학이 발달하면서, 지구 인류는 지구 내외부에서 찾을 수 있는 다양한 물질들을 이용해 문명을 발전시켜 왔다. 특히 20세기 시작된 전기전자 문명은 그 어떤 시대보다 찬란하고 획기적인 변화를 가져다주었다.

하지만, 세계적으로 전자기기의 중요한 부품인 반도체의 소비가 기하급수적으로 늘면서 반도체 생산의 핵심 재료가 되는 물질을 확보하려는 국가 간 전쟁의 불안도 시작되었는데, 그 원인이 되는 대표적 물질 중 하나가 희토류다.

우리가 쓰고 있는 수많은 전자제품을 만들 때 희토류가 사용되고 있다.

희토류$^{Rare\ Earth\ Elements}$는 단일 원소를 지칭하는 것이 아닌, 원소기호 57번 ~71번까지의 란타넘(란탄)계 원소 15개와, 21번인 스칸듐(Sc) 그리고 39번인 이트륨(Y) 등 총 17개 원소를 모두 합쳐 부르는 말이다. 국가 간의 분쟁을 일으킬 정도로 중요성이 커져만 가는 희토류 중 하나인 리튬이 대표적으로 사용되는 것으로는 핸드폰과 노트북 배터리가 있다. 또한 리튬이온전지는 전기자동차에도 들어간다.

또 다른 희토류인 인듐은 투명한 전극을 만드는 데 필요해 LCD 생산에서 매우 중요한 위치를 차지하고 있다. 하지만 극소량밖에 존재하지 않기 때문에 다른 대체재를 찾기 위한 연구가 진행 중이다.

가전제품과 컴퓨터, 자동차 등에 필수적으로 들어가는 장치인 모터의 영구자석에도 희토류의 한 종류인 네오디뮴과 디스프로슘이 사용된다.

희토류.

이처럼 현대사회를 이끌어가는 각종 분야에서 희토류는 꼭 필요하기 때문에 희토류 확보에 대한 각국의 신경전이 만만찮다.

이유는 희토류가 매우 다양한 분야에서 활용되고 있으며 특히 전기차, 발전기 등에 들어가는 영구자석을 만드는 데 꼭 필요한 물질이기 때문이다.

희토류는 희소성 있는 물질이라는 의미를 가지고 있으며 현재 세계 최대 매장량 보유국은 중국이다.

참고 도서

100가지 과학의 대발견 켄들 헤븐, 지브레인

Basic 고교생을 위한 물리 용어사전 신근섭, ㈜신원문화사

Basic 고교생을 위한 생물 용어사전 이병언, ㈜신원문화사

Basic 고교생을 위한 화학 용어사전 서인호, ㈜신원문화사

당신에게 노벨상을 수여합니다 노벨재단, 바다출판사

마블/DC 캐릭터백과 김종윤, 네이버백과

물리/천문 과학 용어 Twig Education

브리테니커비주얼사전

빅퀘스천 118 원소 잭 첼로너, 지브레인

살아있는 과학교과서 홍준의외 3인, 휴머니스트

상위5%로 가는 생물교실2 신학수 외 6인 스콜라, 위즈덤하우스

생활 속의 심리학 박창호 외 7인, 네이버지식백과

슈퍼히어로대백과 이규원, 시공사

호기심의 과학 유재준, 계단